电力需求预测技术

——以上海电力需求为例

主　编　刘盼盼　索瑞鸿　王诗瑶　陈　鹏
副主编　傅　晨　张一彦　郭　玥　刘杨名

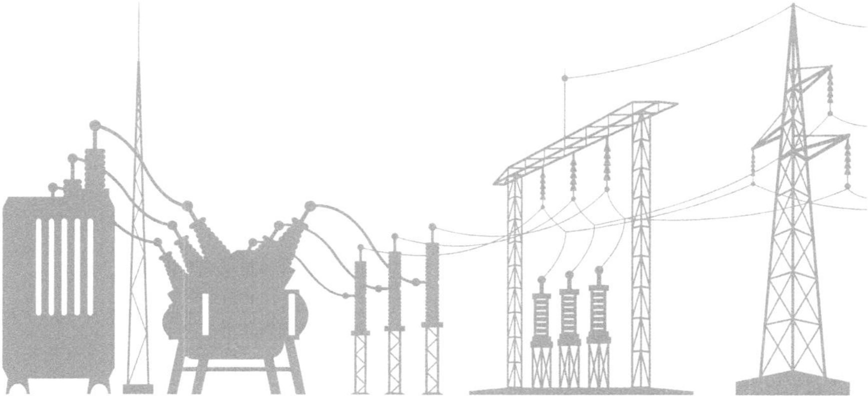

上海交通大学出版社
SHANGHAI JIAO TONG UNIVERSITY PRESS

内容提要

随着经济发展和能源结构调整，准确的电力需求预测对保障电力供应、优化电网布局至关重要。本书深入探讨了电力需求预测这一关键领域，涵盖了从基本理论到前沿技术的全面内容，包括深度学习、人工智能等新兴技术的应用；通过对上海电力市场的实证分析，展示了不同方法在实际应用中的效果，并提出了适用于上海经济的预测模型和技术。

本书可为电力行业从业者提供实用的参考。

图书在版编目（CIP）数据

电力需求预测技术：以上海电力需求为例 / 刘盼盼等主编. -- 上海：上海交通大学出版社，2025. 2.
ISBN 978-7-313-32096-4

Ⅰ. F426.61

中国国家版本馆 CIP 数据核字第 20259GC690 号

电力需求预测技术——以上海电力需求为例

Dianli Xuqiu Yuce Jishu: Yi Shanghai Dianli Xuqiu Wei Li

主　　编：刘盼盼　索瑞鸿　王诗瑶　陈鹏
出版发行：上海交通大学出版社　　地　　址：上海市番禺路 951 号
邮政编码：200030　　电　　话：021-64071208
印　　制：上海新华印刷有限公司　　经　　销：全国新华书店
开　　本：710 mm×1000 mm　1/16　　印　　张：10.75
字　　数：158 千字
版　　次：2025 年 2 月第 1 版　　印　　次：2025 年 2 月第 1 次印刷
书　　号：ISBN 978-7-313-32096-4
定　　价：48.00 元

前　言

在全球经济不断发展和能源结构持续变革的大背景下，电力作为现代社会的关键能源形式，其需求预测对于保障能源供应、优化资源配置，以及推动经济可持续发展具有不可忽视的重要性。精准的电力需求预测不仅帮助电力企业合理规划发电、输电和配电设施，提高电力系统的运行效率和可靠性，还为政府部门制定能源政策、引导产业发展提供有力依据，进而实现社会经济与能源环境的协调发展。

上海作为我国的经济中心和国际化大都市，其经济发展模式正经历着深刻的转型。在“十四五”规划的指引下，上海积极推进产业结构优化升级，现代服务业蓬勃发展，战略性新兴产业迅速崛起，传统产业也在不断进行智能化改造。这种经济转型不仅带来了经济增长方式的转变，也对电力需求的规模、结构和特性产生了深远影响。同时，“双碳”目标的提出进一步促使上海加快能源结构调整步伐，电力系统面临着前所未有的挑战与机遇。在此背景下，深入研究上海电力需求预测技术，探索适应经济转型和多重目标约束的预测方法，对于保障上海电力供应的安全稳定、推动能源绿色转型，以及促进经济高质量发展具有极为重要的现实意义。

本书聚焦于上海电力市场，通过对其全面深入的分析，试图揭示经济转型与电力需求之间的内在联系，并构建适应新发展形势的电力需求预测模型。首先对电力需求预测的基本理论和常见方法进行了系统梳理，为后续研究奠定了坚实的理论基础。在此基础上，详细剖析了上海电力市场的发展现状，以及经济发展与用电需求之间的复杂关系，包括产业结构变化、区域经济差异等对电力需求的影响。通过构建电力市场景气指数模型,尝试从宏观经济和行业发展的角度预测电力需求的变化趋势。

本书的核心在于提出了一系列适用于上海电力需求预测新技术。这些技术充分考虑了上海经济转型背景下电力需求的新特点,如产业结构调整、气温变化、节假日效应等因素的影响。书中创新性地运用分解-集成思想,将机器学习与传统时序建模技术相结合,构建了高低频电力需求预测模型。低频电力需求预测模型着重分析经济结构和气温等因素对电力需求长期趋势的影响,高频电力需求预测模型则聚焦于捕捉电力需求在短期内的季节性、周期性和突发事件冲击等特征。通过大量的实证分析和实例验证,证明了这些新技术在提高电力需求预测精度和可靠性方面的显著优势。

希望本书能够为电力行业的从业者,以及相关政策制定者提供有益的参考和借鉴,共同推动上海电力事业的可持续发展,为实现经济繁荣与能源绿色转型的双赢目标贡献力量。在未来的发展中,随着技术的不断进步和数据资源的日益丰富,电力需求预测技术将不断创新和完善,为电力系统的智能化管理和能源的高效利用提供更加坚实的支撑。

目 录

第1章

概　述

1.1　电力需求预测的现状

上海“十四五”规划中明确提出，上海经济将持续优化融合发展、共同发展的三次产业结构，深入推进以现代服务业为主体、战略性新兴产业为引领、先进制造业为支撑的现代产业体系建设，率先实施产业基础再造工程，打好产业基础高级化、产业链现代化的攻坚战，提升产业链水平，为全国产业链、供应链的稳定多做新贡献。在经济转型背景下，上海产业结构的变迁和升级必然会带来电力需求在产业配置中的变化，从而影响未来电力需求的规划。

电力是一个国家或地区经济发展所需的重要生产投入要素，为人类社会的进步提供了大量动力。电力作为现代城市中最容易被方便利用的能源，已经成为城市发展的重要基础，同时人类社会的发展也引发了越来越多的电力需求，并推动电力行业的不断发展。上海产业结构的升级和电力的使用是息息相关的，电力的分配会直接影响经济发展，产业结构调整优化和区域发展又必将影响用电增长和负荷特性。为深入研究“十四五”时期用电量及负荷增长新趋势，配合上海政府做好上海“十四五”规划工作，助力“双碳”目标完成，有必要对上海电力需求预测技术重新进行探讨，发展适合转型背景下的电力预测新技术。

随着电力市场化改革也在不断深化，电力市场绿色可持续发展成为大家关注的重点，然而要做到电力市场化，则需要实现电力供需的精准匹配。2021 年 9 月，多个省份出现由于电力供给无法满足快速增长的电力需求而“拉闸限电”的现象，不仅影响了工业企业、服务业等多个行业的生产，甚至影响了居民的日常生活。在经济转型背景下开发电力需求预测新技术，有利于实现上海电力供需平衡，避免出现供需短缺问题；还有利于实现电力需求长期趋势的研判和短期变点的检测；更有利于正确判断上海电力工业发展方向、产业结构调整方向，对合理规划电力产业发展支撑经济增长，以及优化产业结构具有积极的现实意义。

1.2 电力需求预测的重要性

电力需求预测作为电力系统规划与运行的关键环节，对于保障电力供应的可靠性、稳定性，以及可持续性具有至关重要的意义。精准的电力需求预测能够助力电力企业合理安排发电计划，优化电网调度，降低运营成本，提高电力系统的整体效率。对于政府部门而言，准确的预测结果有助于制定科学合理的能源政策，引导产业结构调整，推动经济可持续发展。随着智能电网的迅速发展和能源市场的逐步开放，电力需求预测更是成为实现电力系统智能化、精细化管理的核心技术之一，为电力市场参与者提供决策支持，促进电力资源的优化配置[1-4]。

1.2.1 保障电力供应稳定性

(1) 合理规划发电容量。电力需求预测技术对于发电容量的合理规划至关重要。准确的预测可以避免发电容量不足导致的电力短缺现象。如果对一个城市的电力需求预测过低，可能导致发电厂建设不足，在用电高峰时期无法满足居民和企业的用电需求，引发停电事故。相反，如果对电力需求预测过高，会造成发电设备的闲置和资源浪费。通过时间序列法、回归分析法等技术，综合考虑城市的长期发展趋势、人口增长、经济发展等因素，可以为发电企业提供科学的决策依据，确定合适的发电装机容量，保障电力供应在不同时期都能满足需求[5-7]。在一些经济快速发展的地区，如中国的沿海经济开发区,电力需求预测指导了大型火电厂和核电站等发电设施的建设规模和建设进度。

(2) 优化电网调度。电力需求预测有助于电网的优化调度。在短期电力需求预测中,人工智能方法和时间序列法中的短期预测模型可以为电网调度中心提供每小时甚至每分钟的电力需求变化信息。这使得调度人员能够提前安排发电单元的启停、发电功率的调整,确保电网的频率和电压稳定[7-9]。例如,在夏季用电高峰时期,通过预测不同时段的电力需求峰值,合理安排水电、火电、风电等不同类型发电机组的出力,充分利用可再生能源发电,同时保证电网安全、稳定运行。在应对突发情况如极端天气导致电力需求骤变时,准确预测可以帮助调度中心快速做出反应,调整电网运行方式,避免大面积停电事故的发生。

1.2.2 促进能源资源的合理配置

(1) 协调不同能源的利用。电力需求预测技术可以促进不同能源之间的合理配置。在综合能源系统中,准确预测电力需求可以与其他能源需求(如热力、燃气等)进行协同分析。通过多元回归分析考虑工业生产中电力、热力和燃气的消耗关系,以及它们与产品产量、气温等因素的联系,可以优化能源供应系统的运行。在一些工业园区,当预测电力需求较低而热力需求较高时,可以将部分发电过程中的余热用于供热,提高能源利用效率。同时,对于可再生能源和传统能源的协调利用,电力需求预测也起到关键作用。如果预测电力需求低谷期与可再生能源发电高峰期重合,可以通过储能设备或其他灵活的能源管理策略,将多余的可再生能源储存起来,在电力需求高峰期使用,减少对传统化石能源发电的依赖。

(2) 指导能源市场交易。在能源市场环境下,电力需求预测对于能源交易具有重要指导意义。对于电力供应商来说,准确的预测可以帮助他们制订合理的发电计划和参与电力市场竞价策略。在电力批发市场中,供应商根据预测的电力需求和市场价格趋势,决定出售电量的多少和价格。对于电力零售商和大用户,电力需求预测可以帮助他们进行购电决策,降低购电成本。例如,通过分析电力需求的季节性变化和价格弹性,零售商可以在价格较低的时期签订长期购电合同，以应对高峰时期的电力供应。此外，电力需求预测还影响着能源金融市场，如电力期货、期权等交易，准确的预测可以降低交易风险，促进能源市场的稳定发展。

1.2.3 支持可持续发展和环境保护

(1) 推动可再生能源发展。随着全球对环境保护的重视，可再生能源在电力供应中的比重不断增加。电力需求预测技术对于可再生能源的有效利用和发展至关重要。对于风力发电和太阳能发电等具有间歇性和波动性特点的可再生能源，准确的电力需求预测结合气象预测，可以更好地安排储能系统和备用电源。例如，通过预测电力需求、风速、日照等气象数据，可以确定在风电、光伏发电不足时需要启动的备用传统发电机组规模，同时也可以优化储能系统的充放电策略，提高可再生能源在电力供应中的渗透率。在一些可再生能源丰富的地区，如北欧国家，先进的电力需求预测技术支持了大规模风电和水电的并网，减少了对传统化石能源发电的依赖，降低了碳排放。

(2) 实现节能减排目标。准确的电力需求预测有助于实现节能减排目标。在建筑领域，通过预测建筑的电力需求，可以优化建筑的能源管理系统。例如，采用智能控制系统根据预测的电力需求和室内外环境温度，合理调节空调、照明等设备的运行，降低建筑的能耗。在工业领域，电力需求预测可以指导企业合理安排生产计划，避免不必要的设备空转和过度生产导致的能源浪费。同时，政府部门可以根据电力需求预测制定节能减排政策，如对高耗能企业的用电配额管理等，通过宏观调控实现上海的节能减排目标，推动经济社会向绿色可持续发展转型。

1.2.4 服务城市规划和经济发展

(1) 指导城市基础设施建设。在城市规划中，电力需求预测是基础设施建设的重要依据。负荷密度法结合城市的土地利用规划，可以确定变电站的布局和容量、输电线路的走向等。例如，在城市新区建设中，根据预测的不同功能区（如商业区、住宅区、科技园区等）的电力需求，可以提前规划建设合适规模的变电站，避免后期因电力供应不足而频繁改造。同时，电力需求预测也影响着城市的交通、通信等其他基础设施建设。充足的电力供应是保证城市交通信号系统、通信基站等正常运行的基础，合理的电力需求预测可以保障这些基础设施建设与电力供应相匹配，促进城市的协调发展。

（2）支持经济发展决策。电力是经济发展的重要支撑，电力需求预测对于经济发展决策具有重要意义。政府和企业可以根据电力需求的预测趋势制定经济发展战略。对于政府来说，电力需求的增长趋势可以反映经济的活跃度，通过预测可以提前规划产业布局和能源政策。例如，如果预测某一地区电力需求将快速增长，政府可以吸引更多的能源密集型产业或新兴产业入驻，同时加大对电力基础设施建设的投入。对于企业来说，电力需求预测可以帮助他们评估市场潜力和发展前景。例如，对于电力设备制造企业，根据电力需求预测可以调整生产规模和产品类型，以满足市场需求，促进企业的持续发展和经济的稳定增长。

1.3 本书结构

本书基于对上海经济变量和电力需求的分析，由于上海第三产业增加值占上海生产总值比重达70%以上，战略性新兴产业制造业部分产值占工业总产值的比重已达30%，在此经济转型背景下，上海的产业结构变迁必将有新的特点，从而引发电力需求结构变化的新特点，因此有必要对电力需求预测技术进行深化研究，为上海新兴产业用电需求和总用电需求预测提供新思路。本书共分为8章，全面系统地阐述了电力需求预测的相关技术、模型，及其在上海地区的应用。

第1章对全书的内容进行概述。

第2章详细介绍电力需求预测的基本理论，包括电力需求与负荷预测的概念、常用预测方法，以及基本流程，为后续的研究奠定坚实的理论基础。

第3章对电力需求预测模型进行全面综述，涵盖长三角地区、传统电力需求、深度学习及前沿预测方法，分析各方法的优缺点及适用场景，使读者对现有预测技术有一个全面的了解。

第 4 章深入剖析上海电力市场及经济发展情况，通过对经济发展指标、用电情况及重点行业的分析，揭示电力市场与经济发展的紧密联系，为电力需求预测提供实际背景和数据支持。对近 20 年上海经济发展和用电需求的特征、三大产业的变迁特征，以及战略新兴产业的发展特征进行分析。在考虑国际贸易冲击、“双碳”约束和疫情常态化等情况下，改进现有经济预测模型，建立新的经济预测思路和模型，对未来经济形势进行研判。

第 5 章聚焦电力市场景气指数模型的研究，详细阐述景气指数的理论基础、模型构建过程，以及在上海用电量走势预测中的应用，为电力需求预测提供一种新的思路和方法。在经济特征分析和未来经济形势研判的基础上，根据电力需求特征分析，从低频(月度)和高频(日度)数据两方面建立全新的电力需求预测新模型。首先是根据电力需求变化特征，对低频和高频的电力数据分别进行分解，分解成趋势项和波动项两部分。考虑经济变量、疫情、温度、节假日效应、周期效应、短期冲击等因素的影响，分别对低频和高频电力数据的趋势项和波动项建立相应的预测模型。最终，将趋势项和波动项进行结合，建立全新的低频和高频电力需求预测模型，并对模型进行比较和分析。

第 6 章结合上海经济转型背景，分析电力需求特征，提出适用于上海的电力需求预测新技术，包括低频、高频和人工智能预测方法，并通过实例验证这些方法的有效性。在经济转型背景下，分析上海经济和电力需求特征，包括经济形势、产业结构变化、用电需求关联及预测，发现第二三产业结构比下降，产值单耗也呈下降趋势。接着阐述电力需求预测新技术，低频预测将用电量序列分解，考虑多种因素构建 Hybird - DA 模型，其在中长期预测中稳定性较好；高频预测利用 Prophet 和 XGboost 模型，通过分解-集成-组合方式提高预测精度；人工智能预测则将粒子群优化算法与极限学习机算法结合，能提高负荷预测精度，但在气象负荷预测方面存在局限性。最后通过实例分析，展示高低频电力需求预测模型在实际中的应用效果及特点。

第 7 章给出上海电力需求预测新技术实例。在低频电力需求预测方面，通过分解-集成用电量数据，考虑产业结构和气温因素构建 Hybird - DA 模型，对 2022 年用电需求预测发现，该模型能捕捉用电趋势，但难以捕捉疫情等突发事件影响，不过高频数据可辅助改善这一难题。高频电力需求预测中，Hybird - XP 模型在日度数据上表现良好，通过训练集拟合和测试集验证，展示其对未来 4 个月用电需求的预测能力，虽存在用电高峰预测偏误，但整体偏差较小。人工智能需求预测新技术通过算例，采用经验模态分解等方法，研究不同提取气象负荷方式下的预测效果，验证算法有效性，还介绍通过 Logistic 曲线拟合获取气象负荷变化范围的方法，以提高预测准确性和应对负荷变化。

第 8 章对全书进行总结，得出结论，并针对电力需求预测的未来发展提出相关建议。

第 2 章

电力需求预测基本理论

2.1 电力需求与负荷预测概念

电力需求是电力工业方向具有较长研究历史的一个问题。电力需求预测是指从已知的电力系统、经济、社会、气象等条件出发，通过对历史数据的收集、分析和研究，依据事物内在联系和发展规律，对负荷规模的未来发展趋势作出合理的估计和研判。

近年来，电力需求在国家的宏观调控中，越来越受到重视，及时、准确的电力预测，会对经济产生积极、正向的影响。电力需求预测包括两方面的含义：一是最大负荷及负荷特性预测，包括上海最大负荷和统调电网最大负荷预测；二是需电量预测，包括上海需电量和统调需电量，从内容上分应包括第一、第二、第三产业和居民生活需电量。

电力需求预测是电力系统的基础性工作，电力需求预测的准确程度直接关系到电力系统的长远规划。电力需求预测一般具有三个特点：第一，电力需求预测依赖于经济发展；第二，准确的电力需求需要进行滚动预测，即使是中长期预测，为了提高准确程度，也需要进行滚动预测；第三，电力需求预测除了受到经济系统指标的影响以外，还受到天气等一些不确定因素的影响，有时这些因素对电力需求预测的影响程度还不小，如天气因素对于短期电力需求预测的影响就很大。负荷预测就是为满足和保证电力供需的平衡提前做好准备，系统可以在负荷预测的基础上进行负荷的调整和管理[10-13]。负荷预测已成为电力系统调度、计划、规划等管理部门的重要工作之一，因此也应成为实现电力系统管理现代化的重要内容之一。

电力需求预测的种类，可以从不同的角度划分。按预测的内容，可分为负荷预测和电量预测两大类[14-17]。负荷预测是指某发电、供电地区或电网在某一瞬间所承担的工作负载。根据其特性，负荷预测常常又分为最低负荷、平均负荷、最高负荷、全网负荷、峰谷差等类型。电量预测是指某供电地区在一定时间内，电力生产或消费的总量。

电力需求预测按时间分类，通常分为短期、中期、长期需求预测。短期预测指一年内以月为单位的预测，其意义在于精准规划发电计划，降低旋转储备容量，确定燃料供应计划等。中期预测指 5 年左右并以年为单位的预测，其意义在于帮助决定电网的规划和新的装机容量、模式等。长期预测一般指 10 年以上并以年为单位的预测。

电力需求预测的意义在于帮助确定电力的长期需求趋势，指导未来电网规划建设，同时能够更好地为经济建设服务。在实际应用和文献研究中，通常进行中长期需求预测分析，对二者的界定不是特别明晰。

电力需求预测主要从负荷曲线及特性指标预测和最大负荷预测两个方面进行分析[18-21]。通常采用最大负荷预测。

(1) 负荷曲线及特性指标预测。负荷曲线主要有典型日负荷曲线和年负荷曲线。典型日负荷曲线在一般地区仅预测冬夏季典型日负荷曲线即可。年负荷曲线指由一年每个月最大负荷构成的曲线。负荷特性指标可通过负荷曲线得到。

(2) 最大负荷预测。诸如气候等不确定因素对于最大负荷的影响很大，特别是不确定性和随机性都很大，因此预测时要困难一些。最大负荷预测的常用方法有负荷密度法、分类负荷叠加法和最大负荷利用小时数法等。

2.2　电力需求预测基本原则

电力需求预测作为电力系统规划、运行和管理的重要基础工作，对于保障电力供应的稳定性、可靠性，以及电力资源的优化配置具有至关重要的意义[22-25]。为了确保预测结果的准确性、可靠性和有效性，电力需求预测需要遵循一系列基本原则。这些原则涵盖数据质量、方法选择、模型构建、影响因素考量，以及实际应用等多个方面，它们相互关联，相互影响，共同构成电力需求预测的理论与实践框架。

2.2.1 准确性原则

2.2.1.1 数据准确可靠

1）数据收集的全面性

电力需求预测需要收集广泛的数据，包括历史电力消费数据、经济数据（如国内生产总值（gross domestic product，GDP）、工业增加值、居民消费等）、人口数据、气象数据、产业结构数据，以及能源价格数据等。这些数据应涵盖足够长的时间跨度以反映电力需求的长期趋势、季节性变化和周期性波动。例如，对于长期预测，可能需要数十年的历史数据；对于短期预测，至少也应涵盖数年的数据。

数据来源应具有权威性和可靠性，如政府统计部门、电力企业的生产运营记录、专业的市场调研机构等。同时，要确保数据的一致性和连续性，避免因数据来源不同或统计口径变化而导致的数据偏差。

2）数据处理与清洗

在收集到原始数据后，需要进行数据处理和清洗工作。这包括检查数据的完整性，处理缺失值、异常值和错误数据。对于缺失值，可以采用均值插补、中位数插补、回归插补等方法进行填充；对于异常值，需要通过统计分析方法进行识别和修正，以确保数据的质量和可靠性[26-28]。

数据的标准化和归一化处理也是必要的，这可以使不同类型的数据具有可比性，便于后续的分析和建模。例如，将用电量数据和经济数据进行归一化处理，使其在相同的数值范围内。

2.2.1.2 方法科学合理

1）预测方法的选择依据

选择预测方法应基于电力需求的特点、数据特征，以及预测的时间跨度。对于短期预测（如日、周、月），时间序列分析方法（如指数平滑法、自回归积分滑动平均模型等)可能更为合适,因为它们能够较好地捕捉电力需求的短期波动和季节性变化[29-32]。对于中长期预测,计量经济模型(如多元线性回归、协整分析等)或基于因果关系的方法(如系统动力学模型)可能更能反映电力需求与经济、社会等因素之间的长期关系。

同时,要考虑数据的可用性和质量。如果数据量较小且存在较多不确定性,灰色系统理论等方法可能更具优势;如果数据丰富且具有较强的规律性,神经网络、支持向量机等机器学习方法可能会取得较好的效果[33-35]。

2) 模型参数估计与优化

对于选定的预测模型,准确估计模型参数至关重要。参数估计方法应根据模型的特点选择,如最小二乘法、最大似然估计法等。在参数估计过程中,要确保估计结果的稳定性和有效性,可以通过检验参数的显著性、模型的拟合优度来评估参数估计的质量[36]。

此外,还可以采用交叉验证、网格搜索等方法对模型参数进行优化,以提高模型的预测性能。例如,在神经网络模型中,通过调整隐藏层数量、学习率等参数来优化模型。

2.2.1.3　误差分析与控制

1) 误差指标的选择与计算

常用的误差指标包括均方根误差(root mean square error,RMSE)、平均绝对误差(mean absolute error,MAE)、平均绝对百分比误差(mean absocute percentage error,MAPE)等。这些指标从不同角度衡量预测值与实际值之间的差异:RMSE 对较大误差更为敏感,MAE 则更直观地反映平均误差的大小,MAPE 常用于比较不同规模数据的预测精度[37]。在实际应用中,应根据具体情况选择合适的误差指标。

当计算误差指标时,需要将预测结果与实际的电力需求数据进行对比。例如,对于月度电力需求预测,将每个月的预测用电量与实际用电量代入误差公式进行计算,得到相应的误差值。

2) 误差来源分析与改进措施

误差来源主要包括模型误差(如模型假设与实际情况不符、模型结构不合理等)、数据误差(如数据不准确、数据缺失等)、随机误差(如突发事件、不可预测的因素等)。通过对误差来源的分析,可以针对性地采取改进措施。

对于模型误差,可以尝试改进模型结构,增加更多的解释变量或采用更复杂的模型形式;对于数据误差,进一步优化数据收集和处理方法;对于随机误差,可以通过增加数据量、采用稳健的预测方法或结合情景分析来降低其影响。同时,定期对预测模型进行评估和更新,以适应不断变化的电力需求环境。

2.2.2 科学性原则

2.2.2.1 理论基础坚实

1) 多学科理论支撑

电力需求预测涉及多个学科领域的理论知识,如经济学理论用于分析电力需求与经济增长、产业结构调整之间的关系;统计学理论为数据处理、模型构建和参数估计提供方法基础;系统工程学理论有助于从整体上理解电力需求系统的运行机制和相互关系。例如,运用经济学中的弹性理论来研究电力需求对经济变量变化的敏感程度。

电力工程学原理对于理解电力系统的运行特性、负荷特性,以及电力供需平衡原理等方面具有重要意义,这些知识有助于构建更符合实际电力系统运行规律的预测模型。

2) 遵循科学的研究方法

在电力需求预测过程中,应遵循科学的研究方法,包括问题定义、文献综述、数据收集与分析、模型构建与验证、结果解释与评估等步骤。在问题定义阶段,明确预测的目的、对象和范围;通过文献综述了解前人的研究成果和方法,为自己的研究提供参考和借鉴。

在模型构建过程中,基于科学理论和数据分析结果提出合理的假设,选择合适的变量和模型形式,并通过严格的数学推导和逻辑推理来构建模型。模型验证阶段采用多种方法(如样本内验证、样本外验证、交叉验证等)对模型的有效性和可靠性进行检验,确保模型能够准确反映电力需求的实际情况。

2.2.2.2 模型构建合理

1) 模型结构与变量选择

模型结构应能够合理地反映电力需求与影响因素之间的内在关系。例如，在构建计量经济模型时，根据经济理论和数据分析确定变量之间的函数形式，如线性关系、对数关系或非线性关系等。变量选择应基于理论分析和实际数据的相关性分析，选择对电力需求具有显著影响的变量，避免引入过多无关或冗余变量，以免导致模型过拟合。

对于复杂的电力需求系统，可以采用分层结构或系统动力学模型来描述不同层次与子系统之间的相互作用。例如，将电力需求分为工业用电、商业用电、居民用电等不同部门，分别构建子模型并考虑它们之间的相互影响。

2）模型假设与局限性分析

任何预测模型都是基于一定的假设前提构建的，在应用模型之前，需要对这些假设进行明确阐述和分析。例如，在时间序列模型中，通常假设数据具有平稳性或季节性等特征；在计量经济模型中，假设变量之间存在某种因果关系且满足一定的统计假设（如正态性、同方差性等）[38-39]。

同时，要充分认识模型的局限性，如模型可能无法完全捕捉突发事件、政策突变或技术变革等因素对电力需求的影响。在实际预测中，需要结合定性分析和情景分析等方法来弥补模型的局限性，提高预测结果的可靠性。

2.2.2.3　尊重客观规律

1）电力需求的内在规律

电力需求与经济发展、社会生活方式、气候变化等因素密切相关，具有一定的内在规律。例如，经济增长通常会带动电力需求的增加，但随着经济结构的调整和技术进步，电力需求的增速可能会发生变化；居民生活用电需求具有明显的季节性和日周期性，夏季空调制冷和冬季取暖用电需求较高。

电力需求还受到能源价格、产业政策、人口结构变化等因素的影响，这些因素之间相互交织、相互作用，形成复杂的电力需求变化规律。在预测过程中，需要深入研究和把握这些规律，通过数据分析和实证研究揭示电力需求与影响因素之间的定量关系。

2）动态变化与适应性调整

电力需求系统是一个动态变化的系统，随着时间的推移，各种影响因素也在不断变化。因此，预测模型应具有动态适应性，能够及时反映这些变化。这可以通过定期更新数据、重新估计模型参数或采用自适应预测方法来实现。

随着新能源技术的发展和应用，电力供应结构发生变化，这可能会影响电力需求的特性和规律。预测模型需要及时纳入这些新因素，调整模型结构和参数，以适应电力需求系统的动态变化，确保预测结果的时效性和准确性[40]。

2.2.3 系统性原则

2.2.3.1 全面考虑影响因素

1）经济因素

宏观经济形势对电力需求具有重要影响，经济增速、产业结构调整、投资规模、消费水平等经济因素与电力需求密切相关。例如，工业部门是电力消费的大户，工业增加值的增长通常会带动工业用电需求的增加；服务业的发展也会对商业用电和公共事业用电产生影响。

经济周期波动会导致电力需求的周期性变化，在经济繁荣期，电力需求增长较快；在经济衰退期，电力需求增长放缓甚至出现下降。因此，在预测电力需求时，需要准确把握宏观经济走势，分析经济因素对电力需求的影响机制和程度。

2）社会因素

人口增长和人口结构变化是影响电力需求的重要社会因素。人口增加会直接导致居民生活用电需求的上升；人口老龄化可能会改变居民用电模式，如老年人对空调等大功率电器的使用频率可能较低，而对医疗保健设备等用电需求可能增加。

城市化进程加快会带动城市建设、商业活动和居民生活水平的提高，从而增加电力需求。此外，居民消费观念和生活方式的变化（如智能家居设备的普及、电动汽车的推广等）也会对电力需求产生深远影响。在预测中，需要综合考虑这些社会因素的变化趋势及其对电力需求的影响。

3）技术因素

技术进步对电力需求具有双向影响。一方面，新技术的应用（如高效节能设备、智能制造技术等)可以提高能源利用效率,降低单位产值的电力消耗,从而抑制电力需求的增长;另一方面,新兴产业(如数据中心、电动汽车充电设施等)的发展会带来新的电力需求增长点。

电网技术的发展(如智能电网、分布式能源系统等)也会改变电力需求的特性和分布,提高电网的灵活性和可靠性,进而影响电力需求预测。在预测过程中,需要关注技术发展动态,分析技术因素对电力需求的综合影响。

4) 自然因素

气象条件是影响电力需求的重要自然因素,气温、湿度、降水等气象变量会直接影响居民和商业用户的空调、照明等用电设备的使用,从而导致电力需求的季节性和日变化。例如,夏季高温天气会使空调制冷负荷大幅增加,冬季寒冷天气会使取暖负荷上升。

自然灾害(如台风、暴雨、地震等)可能会破坏电力设施,影响电力供应,同时也可能引发应急用电需求(如救灾、恢复生产等)。在预测电力需求时,需要充分考虑气象因素的变化规律以及自然灾害的潜在影响,通过气象数据与电力需求数据的关联分析,提高预测的准确性。

5) 政策因素

能源政策、产业政策、环保政策等因素对电力需求具有重要的引导和调控作用。例如,政府出台的节能减排政策会促使企业和居民采取节能措施,降低电力消耗;对新能源产业的扶持政策会促进新能源发电的发展,进而影响电力供需格局和电力需求结构。

电价政策直接影响电力消费者的成本和用电行为,合理的电价调整可以引导用户合理用电,优化电力资源配置。在预测电力需求时,需要密切关注政策变化,分析政策因素对电力需求的影响方向和程度,并将政策因素纳入预测模型中。

2.2.3.2　综合运用多种信息

1) 内部信息与外部信息结合

电力系统内部信息包括电力企业的生产运行数据(如发电量、供电量、电网负荷、设备运行状态等)、用户用电信息(如用电量、用电时间、用电负荷曲线等)。这些内部信息是电力需求预测的直接依据,能够反映电力系统的实际运行情况和用户的用电行为特征。

电力系统外部信息则包括宏观经济数据、社会发展指标、气象数据、政策法规等。外部信息可以提供电力需求变化的宏观背景和影响因素，帮助预测人员更好地理解电力需求的驱动因素和变化趋势。通过将内部信息和外部信息有机结合，可以更全面、准确地把握电力需求的变化规律。

2）定量信息与定性信息互补

定量信息主要指可以用数值表示的数据，如历史电力需求数据、经济统计数据等，这些数据是构建预测模型的基础。定量分析方法（如统计分析、计量经济模型等）可以基于定量信息进行精确的计算和预测。

定性信息包括专家意见、市场调研结果、政策导向解读、社会发展趋势判断等。定性信息可以提供关于未来发展的不确定性因素、政策变化趋势、技术创新方向等方面的信息，帮助预测人员在定量分析的基础上，更好地考虑难以量化的因素对电力需求的影响。例如，通过专家咨询了解行业发展动态和潜在的影响因素，对定量预测结果进行修正和补充。

3）实时信息与历史信息融合

实时信息能够反映当前电力系统的运行状态和市场变化情况，如实时负荷监测数据、实时电价信息、实时气象数据等。实时信息对于短期电力需求预测和电力系统实时调度具有重要意义，可以及时捕捉电力需求的突发变化。

历史信息则提供了电力需求的长期变化趋势和规律，通过对历史信息的分析和挖掘，可以建立预测模型的基本框架和参数估计基础。将实时信息与历史信息融合，可以使预测模型更好地适应电力需求的动态变化，提高预测的及时性和准确性。例如，在短期预测模型中，结合实时负荷数据和历史负荷数据进行动态预测。

2.2.3.3 动态跟踪与调整

1）建立监测与反馈机制

建立电力需求监测系统，实时或定期收集电力需求相关数据，包括用电量、负荷曲线、影响因素等数据。通过对监测数据的分析，及时发现电力需求的变化趋势和异常情况，并将这些信息反馈给预测模型。

同时，需要建立预测结果与实际情况的对比分析机制，定期评估预测模型的准确性。例如，每月或每季度将预测的电力需求与实际用电量进行对比，计算误差指标，分析误差产生的原因，为模型调整提供依据。

2）模型更新与优化

根据监测和反馈信息，及时对预测模型进行更新和优化，包括更新数据、重新估计模型参数、改进模型结构等。如果发现新的影响因素或原有影响因素的影响程度发生变化，需要及时将这些因素纳入模型中。

当经济结构发生重大调整或出现新的能源政策时，需要对计量经济模型中的变量和参数进行调整；当电力需求的季节性或日周期性特征发生变化时，需要对时间序列模型进行优化。通过不断的模型更新和优化，提高预测模型对电力需求变化的适应性和预测的准确性。

3）情景分析与不确定性应对

电力需求受到多种不确定因素的影响，采用情景分析方法可以帮助应对不确定性。根据不同的假设条件和未来发展趋势，设定多种情景（如乐观情景、悲观情景、基准情景等），并在每种情景下进行电力需求预测。

情景分析可以考虑不同因素组合下电力需求的可能变化范围，为电力系统规划和决策提供更全面的信息。同时，通过敏感性分析确定对电力需求影响较大的因素，重点关注这些因素的变化情况，提高预测的稳健性和可靠性。例如，在分析新能源发展对电力需求影响时，考虑不同的新能源发展速度和政策支持力度情景。

2.2.4　适应性原则

1）适应电力市场机制变革

随着电力市场改革的推进，电力市场机制不断发生变化，如发用电计划放开、售电侧市场竞争加剧、电价形成机制市场化等。这些变革会影响电力企业和用户的行为，进而影响电力需求。例如，售电市场竞争可能促使售电公司推出不同的电价套餐，引导用户调整用电行为，使电力需求的价格弹性发生变化。

在电力需求预测中，需要充分考虑市场机制变革带来的影响，及时调整预测模型和方法，以适应新的市场环境。例如，建立考虑市场竞争因素和用户响应行为的电力需求预测模型，分析不同电价政策和市场竞争格局下电力需求的变化趋势。

2）平衡与协调市场供需

电力市场的供需平衡是电力系统稳定运行的关键。电力需求预测应能够为电力市场的供需平衡提供支持，预测结果应有助于电力企业合理安排发电计划、优化电网运行调度、制定市场交易策略等。

在预测过程中，需要综合考虑电力供应能力、电源结构调整、电网输电能力等因素对电力需求的制约和影响。例如，当新能源发电比例增加时，由于其随机性和波动性，需要预测电力需求在不同新能源发电出力情况下的变化，以实现电力供需的实时平衡和协调。

3）响应市场参与者需求

电力市场中的参与者（包括发电企业、售电公司、电力用户等）根据市场价格信号和自身利益进行需求响应。工业用户可能会在电价高峰时段减少用电，将部分生产任务转移到电价低谷时段；居民用户可能会根据分时电价政策调整家用电器的使用时间。

2.3 电力需求预测的基本流程

电力需求预测的基本流程如下：

（1）确定预测对象和预测项目。应确认需要进行电力需求预测的地区范围、预测的时间跨度、预测精度要求等。

（2）搜集历史数据和主要用户用电计划。电力需求预测一般按照历史数据发展趋势对未来做出预测，故需要搜集所预测地区历史电力数据。此外，由于一些电力大用户往往在该地区占有较大比重，应尽量收集主要用户的未来用电计划，以便做出准确预测。

（3）电力负荷影响因素预测数据获取。对筛选出的负荷高影响因素的未来发展趋势进行预测，作为负荷预测的基础数据。

（4）选择合适的预测方法。不同的预测模型适用于不同时间跨度、时空维度的电力需求预测，应根据预测需要选择合适的预测方法。

(5) 处理原始数据。统计过程中，一些历史数据可能会出现数据异常、缺失等问题，可以用插值法对这类数据进行重新赋值修复。此外，如负荷、气温、人口等不同的原始数据，由于量纲不同，在未处理状态下不具有可比性，因此在进一步分析数据间关联关系之前，应恰当采用极值化、标准化、均值化，以及标准差化方法对原始数据进行无量纲化处理。

(6) 参数估计及误差分析。在得出预测模型公式后，还需要通过误差分析来判断模型拟合优度和预测精度是否符合要求。已有研究中常用的误差评价指标主要有：判定系数、平均绝对误差、均方根误差、平均绝对百分比误差等。

(7) 仿真模拟和预测结果分析。在前期准备全部完成后通过模型仿真得出电力需求预测结果，并运用专家法等方法对预测结果进行评价，最终选出较为可靠的预测结果。

2.4　小结

本章全面且深入地阐述了电力需求预测的基本理论，包括电力需求与负荷预测概念、基本原则，以及基本流程，这些内容构成电力需求预测领域的核心知识体系，为后续进一步研究电力需求预测技术奠定了坚实的基础。

在电力需求与负荷预测概念方面，明确电力需求预测兼具电力电量和电力负荷预测的含义，其准确性对电力系统规划至关重要，与电力系统的长远发展紧密相连。负荷预测作为电力需求预测的关键部分，依据其特性可细分为多种类型，按时间跨度又分为短、中、长期需求预测，且中长期预测在实际应用中较为常见。电力需求预测主要围绕负荷曲线及特性指标和最大负荷展开，其中负荷曲线包含典型日负荷曲线和年负荷曲线等，这些曲线能直观反映电力需求的变化规律。

电力需求预测原则有 4 种，每种原则均有其独特特点和适用范围。准确性原则包括数据准确可靠、方法科学合理、误差分析与控制；科学性原则包括理论基础坚实、模型构建合理、尊重客观规律；系统性原则包括全面考虑影响因素、综合运用多种信息、动态跟踪与调整；适应性原则包括适应电力市场机制变革、平衡与协调市场供需、响应市场参与者需求。

电力需求预测的基本流程包含多个关键步骤。首先要确定预测对象和项目，明确地区范围、时间跨度和精度要求等基本信息。接着搜集历史数据，以及主要用户的用电计划，历史数据是预测的基础，而主要用户用电计划对预测结果的准确性有着重要影响。然后获取电力负荷影响因素的预测数据，为后续预测提供必要的依据。选择合适的预测方法至关重要，需综合考虑预测需求和数据特点等因素。在数据处理阶段，要修复异常数据并进行无量纲化处理，以确保数据的可比性和有效性。之后进行参数估计及误差分析，以此判断模型的拟合优度和预测精度是否符合要求。最后通过仿真模拟得出预测结果，并运用专家法等方法对结果进行评价，从而筛选出最为可靠的预测结果。这一系列流程紧密相连，每个环节都不可或缺，共同确保了电力需求预测的科学性和准确性。

第 3 章

电力需求预测方法

3.1 长三角地区电力预测方法

电力需求预测的准确率对电力系统的运行、控制和生产计划都有着非常重要的影响。准确的预测可以经济合理地安排电力内部发电机组的启停,保持电网运行的安全稳定性,减少不必要的旋转储备容量,合理安排机组检修计划,保证社会的正常生产和生活,有效地降低发电成本,提高经济效益和社会效益。随着电力市场的发展,人们对电力需求预测精度的要求也越来越高,以时间序列、模糊数学和人工智能等为代表的预测模型的出现,为电力需求预测的飞速发展提供了坚实的理论依据和数学基础。

相对于国外而言,我国对于电力需求预测领域的研究较晚。随着我国电力事业的快速发展,加之电力工作者和相关领域专家的刻苦钻研,近年来,电力数据的预测正在朝着更加精确化、智能化、精细化的方向不断发展,如今已有很多预测方法被用于电力电量的预测,各种方法都有其优缺点。

近年来,上海的经济发展与城市建设持续推进,电力需求预测对于保障能源供应稳定至关重要。上海在电力需求预测中运用了多种科学方法。2022 年,考虑城市规模扩大、产业发展,以及居民生活水平提升等因素,预测模型充分纳入了如人口增长、产业用电结构变化等关键变量。通过类似二次指数平滑法等对短期波动具有良好适应性的方法，结合宏观经济指标的关联分析，预计全年电力需求高峰值出现在夏季。当时，由于高温天气下空调等大功率电器的广泛使用，居民用电负荷大幅上升，商业用电也因夏季商业活动频繁保持高位，工业用电则依据产业发展态势保持稳定增长。在多种方法综合预测下，2022 年电力需求高峰值与实际情况较为契合。为了更精准地预测上海电力需求情况，深入分析上海各区在功能定位、产业布局和人口密度等方面的差异。例如，浦东新区作为金融和科技等产业的重要聚集区，其用电需求与产业发展的数字化转型、高端制造业的规模扩张密切相关；宝山区工业用电在整体用电中占比较大，并且随着传统工业向智能制造升级，电力需求的质量和数量都有新变化。基于这些分析，结合 GDP 综合电耗法，考虑不同产业单位 GDP 的电耗差异，以及人均用电量法，依据人口流动和生活水平变化对居民用电的影响，预测 2023 年电力需求变化。预测结果为电力供应规划提供有力支持，保障夏季用电高峰等关键时段的电力稳定供应。随着上海在绿色低碳发展、数字化转型等战略深入实施，新的用电特征逐渐显现。一方面，新能源产业的发展对电力供应的稳定性和灵活性提出新要求；另一方面，大量数字化设备和数据中心的建设使得电力需求结构进一步优化。在预测中，参考江苏省曾经的支持向量回归模型等先进方法，综合考虑新兴产业发展速度、传统产业转型程度、居民绿色用电意识提升等多种因素。在不同情境假设下，对上海各区的电力需求进行了详细预测，为电网建设、电力调配等工作提供精准指导，确保上海电力供应与需求的动态平衡，满足城市高质量发展需求。

当前，根据江苏省的电力发展状况采用了多种预测方法，包括二次指数平滑法、GDP 综合电耗法、人均用电量法，以及占比法等。2020 年，国网江苏省电力公司抓住产业转型的关键特征变量，借助支持向量回归模型，对苏州、南通、盐城、连云港、宿迁这五个城市在不同情境下的未来电力需求展开了预测。2021 年，李冰洁等人[41]提出了一种基于地区发展特性的预测方法。此方法先是依据某省各地市在经济和电力特性方面的差异，对各城市进行聚类划分，然后针对每一类城市的整体用电量分别开展预测，并且综合考量了各类城市群用电发展的特点，最终得出区域内的总电量预测结果。这种预测方法在某省电力需求预测中得到了应用，而且预测精度较高，充分彰显了该方法具有较强的实用性。

沈澜等[42]依据浙江省“十四五”规划和中长期发展规划发展目标，采用主成分分析法和线性回归法，预测浙江省 2022—2030 年的用电需求，结合了浙江省能源生产现状和能源发展规划预测中长期电力供应。钟全辉等[43]针对区域电量的预测问题，提出一种基于灰色预测理论的区域电量概率预测方法。该模型以历史电量数据为输入变量，以未来某年区域电量为输出变量，采用灰色预测理论和概率理论进行求解。

针对安徽省的电力预测研究有产值单耗法、弹性系数法、人均用电量法、经济电力传导法、LEAP 能源需求预测法对电量进行预测，采用经济电力计量模型对电力负荷进行预测[44]。

总而言之，长三角地区各个省份针对电力系统的预测已经运用到了比较主流的预测方法，但是对电力数据包含的信息并没有充分利用。随着预测方法的发展，高频数据和低频数据可以挖掘出不同的信息，若只考虑增长性趋势或者只考虑季节性趋势，都会对电力预测精度造成影响。因此，必须综合考虑经济大环境和电力消费趋势，深入挖掘电力数据和经济数据的相关性，才能提高电力负荷的预测精度。

3.2　传统电力需求预测方法

当前，传统电力需求预测方法有回归分析法、时间序列建模法、自适应滤波法等。

3.2.1　回归分析方法

回归分析方法包括参数回归方法和非参数回归方法。

参数回归方法需要建立电力需求与影响因素间的函数关系，在进行预测前，首先需要对自变量与因变量之间的函数关系进行预判，才能进行参数估计，若函数表达式选取不当，会造成较大的预测误差。同时，影响因素的选取等都会对预测准确性有较大影响。

与参数回归方法需要预先假定函数具体形式不同，非参数回归法则假设函数 $g(\cdot)$ 的形式是未知的，这样可以“让数据说话”，灵活识别自变量和因变量之间的关系，而不至于存在模型误设的问题。但是在使用核(kernel)方法来估计非参数模型时常常存在“维数诅咒(dimension curse)”问题，即当因变量超过 3 个时，所需要的样本量呈指数增长。因此，可以将非参数模型扩展到非参数可加模型，并使用筛(sieve)分法来估计每一个非参项，这样做的优势是既能够缓解变量的“维数诅咒”问题，又能够识别出参数模型无法识别的变量之间的关系。

3.2.2 时间序列建模方法

1）*移动平均法*

移动平均法是根据时间序列进行逐项推移，依次计算包含二定项数的序时平均数以反映长期趋势的方法。当时间序列的数值由于受周期变动和不规则变动的影响，起伏较大且不易显示出发展趋势时，可用移动平均法消除这些因素的影响，对序列的长期趋势进行分析和预测。移动平均法有简单移动平均法和加权移动平均法等。

在简单移动平均法中，每期数据在平均中的作用是等同的，但是每期数据所包含的信息量并不一样，近期数据包含更多关于未来情况的信息。因此，对各期数据赋予相同的权重并不合理，应考虑各期数据的重要性，对近期数据给予较大的权数，这就是加权平均法的基本思想。

设时间序列为 $Y_1, Y_2, \cdots, Y_t$，加权移动平均公式为

$$M_{tw}=\frac{w_1 y_t + w_2 y_{t-1} + \cdots + w_N y_{t-N+1}}{w_1 + w_2 + \cdots + w_N} \tag{3-1}$$

式中：M_{tw} 为 t 期加权移动平均数；w_i 为 y_{t-i+1} 的权数，体现了相应的 y 在加权平均数中的重要性，当 i 为 1 时，式(3－1)就变成了简单移动平均公式。

2）指数平滑法

指数平滑法由 Robert G. Brown 提出，是在移动平均法基础上发展起来的一种时间序列分析预测法，普遍用于计算时间序列的未来趋势，特别适用于中短期预测。根据平滑次数的不同，指数平滑法可分为一次指数平滑法、二次指数平滑法和三次指数平滑法等。

当时间序列数据无明显的趋势变化，可用一次指数平滑预测。二次指数平滑是对一次指数平滑的再平滑，适用于具线性趋势的时间序列，也就是当观测数据包含未来偏离水平趋势的信息时采用此法预测。霍尔特-温特(Holt - Winters)指数平滑方法可以对单指标时间序列数据进行拟合和短期预测，估计截距、斜率和季节性成分。平滑化依靠三个参数来控制：α、β 分别对应趋势部分的截距和斜率；γ 对应季节性部分。参数 α、β、γ 的取值在 0 和 1 之间，并且当其取值越接近 0，意味着对未来的预测值而言最近的观测值占据相对较小的权重。霍尔特-温特指数平滑方法共有三种模型，分别为乘法模型、加法模型、无季节性模型。下面以乘法模型为例简介。

乘法模型适用于序列具有线性趋势和乘法季节变化的情况。模型包含 3 个方程，分别用于平滑模型的平稳项、趋势项和季节项，其基础方程式如下：

$$S_t = \alpha \frac{x_t}{I_{t-L}} + (1-\alpha)(S_{t-1} + b_{t-1})$$

$$b_t = \gamma(S_t - S_{t-1}) + (1-\gamma)b_{t-1}$$

$$I_t = \beta \frac{x_t}{S_t} + (1-\beta) I_{t-L} \tag{3-2}$$

式中：S_t 为平滑值在时间 t 的值；b_t 为偏差在时间 t 的值；α、β、γ 为模型中的参数，均处于 (0，1) 区间；L 为滞后参数；I_t 为指数在时间 t 的值；x_t 为原始数据在时间 t 的值。

利用其预测的公式如下：

$$\hat{y}_{T+k} = (S_T + b_T k) I_{T+k-L} \tag{3-3}$$

3）差分回归移动平均模型法

差分回归移动平均(auto-regressive integrated moving average，ARIMA)模型是自回归移动平均(auto-regressive moving average，ARMA)模型的扩展，具有简单可行和灵活性等特点。由于实际生活中的时间序列一般都具有某种趋势或循环特征，但很难满足平稳性要求，因此需要对非平稳时间序列 y_t 进行分析，经过 d 阶逐期差分后得到 d 阶单整时间序列，从而利用 ARMA(p, q)模型对该平稳序列建模，再经过逆变换得到原序列。ARIMA 模型可以表示为

$$\Delta^d y_t = \theta_0 + \sum_{i=1}^{p} \phi_i \Delta^d y_{t-1} + \varepsilon_t + \sum_{j=1}^{q} \theta_j \varepsilon_{t-j} \tag{3-4}$$

式中：$\Delta^d y_t$ 表示 y_t 经过 d 次差分之后的平稳序列，y_t 是一个 ARIMA(p, d, q)过程。从模型可以看出，ARIMA 模型本质上属于线性模型，这使得它在刻画时间序列非线性特征的能力受到极大限制。

4）向量自回归(vector autoregression，VAR)模型

VAR 模型的联立方程中通过所有的内生当期变量对其若干滞后值进行回归，进而估计出全部内生变量的动态关系。含有 k 个内生变量的 VAR(p)模型的数学表达式如下：

$$Y_t = \mu + A_1 Y_{t-1} + \cdots + A_p Y_{t-p} + \varepsilon_t, \quad t = 1, 2, \cdots, T \tag{3-5}$$

模型中需要顾及的参数个数为

$$k^2 p + \frac{k + k^2}{2} \tag{3-6}$$

由于待估参数较多，所以要求数据量必须足够大，才能得到可靠的估计。VAR 模型一般用来分析系统内部受到某种冲击时各个变量的动态变化，以及每一个冲击对内生变量变化的贡献度，即脉冲响应分析和方差分解分析。

3.2.3 自适应滤波法

自适应滤波法通过对时间序列的历史观测值进行某种加权平均来预测，因此需要寻找一组“最佳”的权数。具体方法是：先用一组给定的权数

来计算一个预测值，然后计算预测误差，再根据误差结果调整权数以减少误差，这一过程可以重复进行，直至找出一组“最佳”的权数，使误差降低到最低限度。这种调整权数的过程与通信工程中的传输噪声过滤过程极为接近，故称为自适应滤波法。

自适应滤波法的基本预测公式为

$$\hat{y}_{t+1}=w_1 y_t+w_2 y_{t-1}+\cdots+w_N y_{t-N+1}=\sum_{i=1}^{N} w_i y_{t-i+1} \qquad (3-7)$$

式中：$\hat{y}_{t+1}$ 是对 y 在时间 $t-1$ 的预测值；y_t、y_{t-1}、y_{t-N+1} 是时间序列数据中的过去 N 个值；w_1，w_2，…，w_N 是权重系数，用于线性组合过去的 N 个值预测下一个值。

调整权数的公式为

$$w_i'=w_i+2ke_{i+1}y_{t-i+1} \qquad (3-8)$$

式中：w_i' 是更新后的权重系数；w_i 是原始的权重系数；k 是步长，用于控制权重更新的幅度；e_{i+1} 是预测误差；y_{t-i+1} 是时间序列中 $t-i-1$ 时的值。

式(3-8)表明调整后的一组权数应等于旧的一组权数加上误差调整项，这个调整项包括预测误差、原观测值和学习常数等三个因素。

3.3　深度学习预测方法

人工智能方法内容十分丰富，目前应用于中长期负荷预测的主要有神经网络法和支持向量机法等。这些算法的共同特点在于它们均通过历史数据来训练模型参数，并以此控制模型输入与输出间的非线性映射关系。神经网络法的发展已十分成熟，并广泛应用于短期负荷预测之中。该方法对数据样本容量的要求较高，容易出现“过学习”或“欠学习”现象，使其在中长期负荷预测中的应用受到了限制。

3.3.1　传统预测与深度学习融合

传统的时间序列预测模型包括 ARIMA 模型、指数平滑方法和状态空间模型(state space models，SSM)等。在现代预测应用中，传统的 SSM 模型无法从相似的时间序列数据集合中推断出共享模式，这就产生了繁重的计算任务和大量人力劳动需求。因此，深度神经网络(deep neural networks，DNN)凭借其提取高阶特质的能力走进了人们的视野。通过深度神经网络，可以识别时间序列内部和时间序列之间的复杂模式，并且能够从原始时间序列的数据集合中进行识别，所需的人力要少得多。然而，由于这些模型所作的结构假设较少，它们通常需要更大的训练数据集来学习得到准确的模型。

徐超等[45]提出一种 ARIMA 模型与自适应过滤法的组合预测模型。该组合强调 ARIMA 模型对时间序列数据特征识别与参数估计的优势，同时引入自适应过滤法的“权数”调整思想，对 ARIMA 模型的参数进行调整，以减少预测误差，因此可以提高电力需求预测的精度。吴双双[46]利用卷积神经网络、循环神经网络、双通道神经网络对数据进行了预测，并取得了不错的预测效果。权钲杰[47]利用长短期记忆网络和卷积神经网络对数据进行预测，并针对深度神经网络模型训练不稳定的问题，研究了将集成学习方法应用于对深度神经网络预测模型的改进，提出了基于噪声扰动集成方法的深度神经网络集成模型，在电力需求预测中可以减少噪声的干扰，更加充分利用长期数据的信息量。王慧健等[48]提出一种新的时间序列短期趋势预测方法，通过对时间序列数据进行离散化，用字符表示各个时间段数据的范围，并利用神经网络语言模型预测得到下一个字符。以上这些方法都可以针对电力预测遇到的问题进行改进，如更准确地识别时间序列的趋势、增加预测的稳定性、减少噪声干扰等。

3.3.2 深度学习相关方法

随着计算机科学和智能电网的发展，适应大数据的计算密集型负荷预测技术逐渐成为研究的主流。这些方法大多在运行时需要进行大量的并行计算和逻辑判断，因此更适合对短期高频的电力负荷数据进行预测，对于长期用电数据的适配度不高，而且由于模型计算会占用较多的 CPU 资源，所以被称为计算密集型的负荷预测技术。具体有如下几种：

1）人工神经网络(artificial neural network，ANN)

得益于人工神经网络强大的学习和泛化能力，利用此模型对电力负荷的预测方法已成为有关研究的热点。人工神经网络预测的优点如下：

(1) 可以模拟复杂系统的行为和规律，对未知的状态或结果进行估计。

(2) 具有联想存储功能，可以实现反馈网络。

(3) 具有高速寻找优化解的能力，可以利用计算机的高速运算能力。但也存在无法解释推理过程和推理依据，需要大量的数据和训练时间，而且可能出现过拟合或欠拟合的问题等缺点。

最新的研究成果多是在不同神经网络结构或者训练算法的基础上，结合经典的负荷预测方法或统计学理论取得的。张奇等[49]将神经网络模型与蒙特卡罗算法组合，预测澳大利亚昆士兰州负荷数据。王瑞等[50]提出了一种基于随机神经网络的短期负荷预测方法，针对随机神经网络模型优化速率缓慢问题提出快速优化的 Adam 算法，提出在随机神经网络每次更新参数就立即计算整体训练集在当前模型的损失函数，与记录的最小损失函数进行比较，如果损失函数更小，则保存模型，否则进行下次参数更新，探索了适应当前数据集的神经网络层数。以上方法对于短期负荷预测均有不错的效果。

2）支持向量机

支持向量机是一种监督学习模型，在解决小样本、高维模式识别中表现出许多优势，如今还是研究的热点。使用支持向量机算法对一组与电力相关的数据进行预测，其中历史负荷数据、天气数据、节假日等信息作为输入特征，电力负荷作为输出。张良力等[51]提出了粒子群算法优化的最小二乘支持向量机模型。郭瑞川[52]论述了通过混沌粒子群算法优化支持向量机参数，用于负荷回归的模型，其算例表明该方法优于采用遗传算法和模拟退火算法的模型。这些方法对于小样本的多维数据有较好的拟合效果，适用于电力负荷数据。

3）小波变换算法

小波变换是目前较为流行的一种时域—频域变换算法，能够通过选取合适的小波基函数提取任意局部细节的信息，可以有效处理突变信号，一般与神经网络法等结合用于短期负荷预测。Chen 等[53]提出了一种基于相似日数据的小波神经网络短期负荷预测模型，该方法首先根据相关性分析确定相似日并用小波变换将负荷曲线分解为低频与高频成分，分别用神经网络进行拟合。实验结果表明在考虑降水和相似日负荷的高频成分后，神经网络可以较好地得出预测日的高频成分，继而通过小波反变换得到精确的预测结果。该方法可以更加充分地分析电力高频和低频数据包含的信息，并且在神经网络的作用下拟合效果较好。

4）模糊回归模型

模糊逻辑系统模仿人脑对不确定性概念的推理思维方式，具有拟合任意动态系统的能力，可以结合回归分析，用于短期负荷预测中。Hong 等[54]提出了一种考虑相关性用于短期负荷预测的模糊回归模型，同时还建立了包括两个模糊回归模型和一个多元线性回归模型的基准程序，实验结果表明其方法的有效性。Ranaweera 和 Hubele[55]的研究工作则表明，利用模糊逻辑系统搭建的模型拥有不输于 BP 算法训练的多层感知机模型的预测能力。

5）深度学习

深度学习（deep learning，DL）是人工神经网络的一种，与 ANN 相比，DL 具有更深的隐藏层，其目标是通过模拟人脑网格的连接，让计算机像人类一样思考和理解问题。人工智能（artifical intelligence，AI）已经在许多行业的自动化过程中得到了研究，如图像和音频检测、自然语言处理等。近年来，DL 凭借其卓越的端到端学习能力和最先进的预测性能，成为短期负荷预测中最具吸引力的技术之一。有文献利用天气数据和日期信息等数据作为 DNN 的输入，用实验验证了模型的有效性[55]。LSTM 是 RNN 中最成功的模型，LSTM 解决了时间序列的长依赖性问题，缓解了 DNN 梯度消失的问题，是短期负荷预测中最常用的模型。CNN 在电力负荷预测任务中也有一些应用，利用 CNN 模型进行短期负荷预测，并通过实验验证了所提方法的可行性。

6）组合方法

组合方法指的是将各种模型加权整合成一个总系统进行预测。这种整合可以是基于同一训练数据集和不同结构模型的方式，或是不同训练集配合同一模型的方式。该方法能够充分利用各种模型的优势，是提高预测精度简单而有效的手段。

在流行的这几种方法中，若不论组合方法，只计较单一算法，支持向量机具有难以处理大规模训练样本的缺点；小波变换算法通常需要与人工神经网络相结合，存在无法解释推断原理的弊端；模糊系统不具备自学习能力，建立模糊规则较多依赖专家经验；人工神经网络虽然能够处理海量信息输入，具有自适应自学习能力，对于短期负荷预测问题精度较高，但是由于缺乏对推断过程的展示，无法应用于长期负荷预测。

3.4 前沿预测方法

3.4.1 曲线回归法

1）函数线性回归法

电力负荷曲线的概率预测对在日益动荡和竞争激烈的能源市场中进行有效的调度和决策具有根本的重要性，伦敦政治经济学院的 Qiwei Yao 教授等提出了一种新的模型对电力负荷进行预测。该模型的核心思想是将每日电力负荷曲线视为一个整体，并利用核函数和正交多项式来描述曲线之间的相似性和差异性。该模型可以通过最小化一个损失函数来估计参数，并且可以利用自助法来生成任意分位数的预测区间。该模型可以同时考虑不同时间点之间的相关性和不确定性，而不是单独预测每个时间点的值；而且可以灵活地适应不同形状和尺度的曲线，而不需要进行数据转换或标准化。在不增加计算成本的情况下，该模型还可以生成任意分位数的预测区间，而不需要假设数据服从特定的分布。

给定一组每日电力负荷曲线，其中每条曲线 y_i 表示第 i 天的 T 时间点的负荷值。假设每条曲线服从一个多元正态分布，则用 μ_i 表示第 i 天的期望负荷曲线，进一步假设期望负荷曲线可以用一个核函数和一个正交多项式来表示：

$$\mu_i = f(x_i) = \sum_{l=0}^{L} \beta_l K(x_i, x_l) + \sum_{m=0}^{M} \gamma_m P_m(x_i) \tag{3-9}$$

式中：x_i 为一组自变量，可以是日期、温度或其他因素；$K(.,.)$ 为一个核函数，用于度量两个自变量之间的相似性；β 为核函数的系数；$P_m(\cdot)$ 为一组正交多项式，用于描述自变量对期望负荷曲线的影响；γ 为正交多项式的系数，最后可以利用最小化损失函数来估计参数。

曲线到曲线线性回归是一种在变量之间存在非线性关系时使用回归来拟合曲线而不是直线的方法，它可以使用多项式或自变量的其他变换来完成。曲线到曲线线性回归可用于函数型数据建模，函数型数据是由在连续统一体（如时间或空间）上观察到的曲线或函数组成的数据。例如，当预测变量和响应变量都是在连续体（如时间或空间）上观察到的曲线或函数时，如果要对每日温度曲线如何影响每日电力负荷曲线进行建模，则可以使用函数线性回归，其中温度曲线作为预测变量，负荷曲线作为响应变量，从而估计得到每个天气变量如何影响负荷曲线的形状[56]。

除此以外，当预测变量和响应变量之间存在二次关系时，还可以使用曲线到曲线回归进行二次回归。例如，如果要对球向上抛出时的高度随时间的变化进行建模，则可以使用二次回归模型，其中时间作为预测变量，高度作为响应变量。或者当预测变量和响应变量之间存在指数关系时进行指数回归。例如，如果要对培养皿中细菌种群随时间增长的方式进行建模，则可以使用指数回归模型，其中时间作为预测变量，种群作为响应变量。

2）*函数混合回归法*

Cho 等[57]提出了一种混合方法来解决短期电力负荷预测问题。该方法有两个基本组成部分：① 用函数数据分析方法来建模负荷曲线的形状变化；② 用随机森林方法来建模负荷曲线的尖峰值和谷值。通过将日常负荷视为曲线，并使用曲线线性回归模拟其对先前负荷和温度预测的依赖性，具体来说就是将广义加性模型（generalized additive model，GAM）与曲线线性回归相结合，通过广义加性模型对负荷的周平均数拟合来建立总体趋势和季节性的模型，通过曲线线性回归来建立连续日负荷的依赖结构，以捕获每周负载平均值的趋势和季节性，以模拟残差变化。

广义加性模型是一种平滑的半参数模型，可以用来描述自变量和因变量之间的非线性关系，因此常用于回归或分类问题。公式为

$$\mu_t = \beta_0 + f_1(t) + f_2(day\ of\ week_t) + f_3(month_t) + \varepsilon_t \quad (3-10)$$

式中：μ_t 为第 t 周的平均负荷可以用一个常数项和三个平滑函数的和来表示，其中三个平滑函数分别描述了负荷随时间、星期和月份的变化趋势，这样可以捕捉到负荷的长期趋势和季节性变化。随机误差项表示了观测值和模型值之间的偏差。

GAM 是广义线性模型(GLM)的扩展，它假定响应变量线性依赖于预测变量，可用于环境、生物或社会数据等复杂现象的建模。

3.4.2　高频数据预测方法

3.4.2.1　Prophet 模型

Prophet 模型是 Taylor 等于 2017 年提出的一种应用场景丰富的时间序列数据预测模型。与传统模型相比，Prophet 模型以更加简单、灵活的预测方式，以及能够获得优良的预测结果受到广泛关注。

Prophet 模型要求输入数据是时间序列数据，然后将时间序列数据分解成三个部分：趋势、季节性和残差，其中趋势表示数据的整体增长或下降趋势，季节性表示数据在周期性变化，残差表示无法用趋势和季节性来描述的变化。针对趋势项，Prophet 模型使用分段线性回归的方法来进行拟合，这种方法可以处理非线性趋势。分段线性模型的基本思想是将时间序列分成若干个线性段，每个线性段有一个斜率和截距，而在变点处，斜率和截距会发生突变。Prophet 模型可以自动检测变点，并且允许指定变点的个数和范围，因此回归结果会更加稳健。同时，Prophet 模型也可以根据数据的季节性特征进行调整，以及考虑假期效应。在进行预测时，Prophet 模型可以提供不确定性范围，以便更好地评估预测的可靠性。

刘涅煊等[58]利用 Prophet 算法对负荷进行预测，并结合 XGBoost 算法提升 Prophet 负荷预测准确性。通过某地区用电信息采集系统提供的专变

大用户日冻结数据实验验证，使用的数据来自某省电力公司用电信息采集系统提供的部分专变大用户的每天日冻结负荷电量数据，时间范围为2018年1月1日至2021年12月31日，提取用户样本总计1 969户。结果表明在相同条件下，改进后算法的预测结果的平均绝对误差百分比较原始的Prophet算法可降低2.5%，同时均方根误差降低幅度可达30.79%，体现出显著的改进效果。

为了在短期内对台区负荷进行准确的预测，徐岩等[59]提出一种基于Prophet－LightGBM的台区短期负荷预测方法。该方法利用二次预测思想，综合Prophet和LightGBM两种算法的优点，实现了更精准的预测。首先对台区负荷进行特性分析，分析某台区负荷在一周内的具体变化情况；然后采用Prophet算法进行历史负荷拟合与第一次预测，提取台区负荷中变化较规律的特征项；最后利用上述特征项，以及LightGBM算法对台区负荷进行第二次预测，已达到预测台区负荷整体变化的目的。实验结果表明，与Prophet、LightGBM预测的结果相比，提出的方法在三种类型的台区上均具有更高的预测准确性。

模型整体构建如下：

$$y(t)=g(t)+s(t)+h(t)+\varepsilon_t \tag{3-11}$$

模型整体由三部分组成：增长趋势、季节性趋势、节假日对预测值的影响。ε_t 是噪声项，表示模型未预测的波动，并假设服从高斯分布。

1）增长趋势

增长趋势是整个模型的核心组件，代表了整个时间序列是如何增长的，以及预测部分是如何增长的。这部分有两种可选择模型：非线性增长和线性增长。非线性增长的公式采用分段的逻辑回归模型：

$$g(t)=\frac{C(t)}{1+\exp(-(k+a(t)^T\delta)(t-(b+a(t)^T\gamma)))} \tag{3-12}$$

式中：$C(t)$ 为承载量，它限定了所能增长的最大值；k 为原始增速；b 为原始偏移量。

Prophet模型首先定义了增速 k 发生变化的点，称为变点，用 $s_j(j=1,$

2，…，S)，每个变点相对应的斜率调整值为 δ_j，其中 S 为变点的个数。记 $\delta=(\delta_1, \delta_2, \cdots, \delta_s)$，$a_j=I(t\geqslant s_j)$，$a(t)\in\{0, 1\}^s$，其中 I 为示性函数，当 $t\geqslant s_j$ 时取 1，反之取 0，从而有每个变点对应的增速为 $k+a(t)^T\delta$。调整原始增速 k 后，偏移量 b 也要相应调整为 $b+a(t)^T\gamma$，其中 γ 为变点的调整。

线性增长模型为

$$g(t)=(k+a(t)^T\delta)t+(b+a(t)^T\gamma) \tag{3-13}$$

Prophet 模型中对于时间序列可以实现变点的手动指定和自动选择。

2）季节性趋势

时间序列中可能包含多种周期类型的季节性趋势，Prophet 模型利用傅里叶级数近似表达周期属性，公式如下：

$$s(t)=\sum_{n=1}^{N} c_n \mathrm{e}^{\mathrm{i}\frac{2\pi nt}{P}} \tag{3-14}$$

式中：P 表示固定的周期(年、月、周、日、小时等)。

当将 $s(t)$ 中的所有季节性时间序列模型组合成一个向量 $X(t)$，则最终的季节性模型为

$$s(t)=X(t)\beta \tag{3-15}$$

式中：$\beta\sim N(0, \sigma^2)$ 为提高季节性模型的平滑性。

3.4.2.2　节假日模型

节假日或者是一些大事件都会对时间序列造成很大影响，而且这些点往往不存在周期性。对这些点的分析是极其必要的，甚至有时候它的重要程度远远高于常规点。鉴于节假日或者某个已知大事件的日期与影响程度存在差异，节假日模型将不同节假日在不同时点下的影响视作独立的模型。同时为每个窗口设置了时间窗口，模型将统一窗口期中的影响设置为相同的值。用 i 表示节假日，D_i 表示窗口期中包含的时间 t，则节假日模型 $h(t)$ 可表示为

$$h(t)=\sum_{i=1}^{L} k_i I(t\in D_i) \tag{3-16}$$

式中：k_i 表示窗口期中的节假日对预测值的影响。

Prophet 的原理是分析各种时间序列特征：周期性、趋势性、节假日效应，以及部分异常值。在趋势方面，它支持加入变化点，实现分段线性拟合。在周期方面，它使用傅里叶级数来建立周期模型。在节假日和突发事件方面，用户可以通过表的方式指定节假日，及其前后相关的 N 天，因此可将 Prophet 视为一种针对时序的集成解决方案。

3.4.2.3 极端梯度提升树(XGBoost)算法

XGBoost 算法由陈天奇博士提出，被广泛用于数据科学竞赛和业界，几乎所有采用机器学习技术的公司都在使用。XGBoost 是一种基于梯度提升树(GBDT)的集成学习算法，它通过多个树模型的加权和来预测目标变量。XGBoost 在损失函数上做了二阶泰勒展开，利用一阶和二阶导数信息来优化损失函数。它与传统梯度提升树算法的差距在于优化时考虑了损失的二阶导数信息，并且在损失函数中加入正则项控制模型的复杂度，一定程度上控制了过拟合现象的产生。

用数学语言来表达 XGBoost 算法可以表达如下，给定数据集 $D=\{(x_1, y_1), \cdots, (x_N, y_N)\}$，定义：

$$\hat{y}_i=\phi(x)=\sum_{k=1}^{K} f_k(x_i),\ f_k \in F \tag{3-17}$$

式中：$F=\{f(x)=w_q(x) \mid q: R^m \rightarrow T,\ w \rightarrow R^T\}$ 表示一个决策树的函数空间；T 表示一个决策树的叶子结点数目。

给定：

$$L(\phi)=\sum_{i=1}^{N} l(\hat{y}_i, y_i)+\sum_{k=1}^{K} \Omega(f_k) \tag{3-18}$$

$$\Omega(f)=\gamma T+\frac{1}{2}\lambda \, || w ||^2 \tag{3-19}$$

则 XGBoost 算法的损失函数可以写为

$$L^{(t)}=\sum_{i=1}^{N} l(\hat{y}_i^{t-1}+f_t(x_i), y_i)+\Omega(f_t) \tag{3-20}$$

式中：$l(\cdot)$ 为常见的损失函数；γ 与 λ 为调节参数，用于控制决策树叶子结点个数，以及模型的复杂度，上标为迭代次数。

利用泰勒展开实现对 $L^{(t)}$ 的进一步展开，可以近似得

$$L^{(t)} \approx \sum_{i=1}^{N}\left(l(\hat{y}_i^{t-1}, y_i)+g_i f_t(x_i)+\frac{1}{2}h_i f_t^2(x_i)\right)+\Omega(f_t) \tag{3-21}$$

其中：$g_i(\cdot)=\partial_{\hat{y}_i^{t-1}} l(\hat{y}_i^{t-1}, y_i)$，$h_i=\partial^2_{\hat{y}_i^{t-1}} l(\hat{y}_i^{t-1}, y_i)$。

可将目标函数简化为

$$\bar{L}^{(t)} \approx \sum_{i=1}^{N}\left(g_i f_t(x_i)+\frac{1}{2}h_i f_t^2(x_i)\right)+\gamma T+\frac{1}{2}\lambda \mid\mid w \mid\mid^2 \tag{3-22}$$

3.4.2.4　算法框架介绍

现将 XGBoost 算法引入 Prophet 预测模型中，期望利用机器学习的方法，挖掘待预测序列前面临近一段时间的随机波动项的潜在规律，生成随机波动项的预测模型，以此实现随机波动项的预测，再与 Prophet 算法预测的趋势项和周期项叠加，得到最终的预测结果。集成 XGBoost＋Prophet 算法框架如图 3－1 所示。

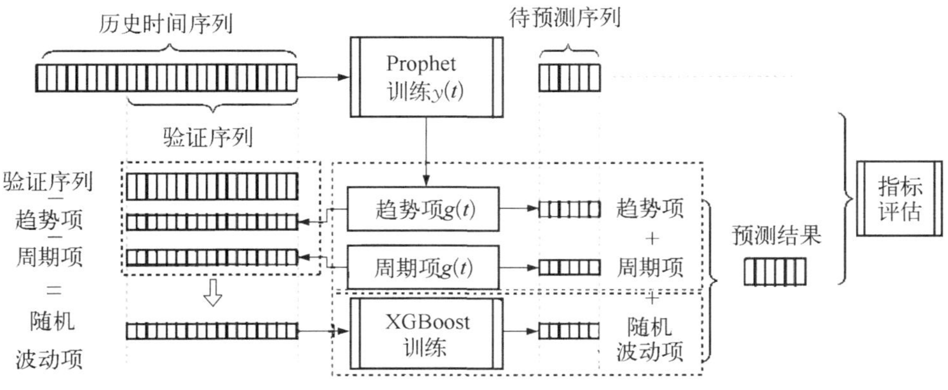

图 3－1　集成 XGBoost＋Prophet 算法框架

待预测序列的随机波动项替换为 XGBoost 算法预测的结果，按照此方式构建预测模型的优点在于：

(1) 利用 XGBoost 高效计算取代原先的迭代计算，提升计算效率。

(2) 引入机器学习的方法探索随机波动序列中潜在规律，提升模型的可描述性及预测的准确性。

集成 XGBoost＋Prophet 的电力需求预测模型构建流程如图 3－2 所示。

(1) 利用 Prophet 算法对输入的历史时间序列进行分解，将序列分解为趋势项、周期项、随机波动项三部分。

(2) 用原始 Prophet 算法对带预测序列的趋势项、周期项进行预测。

(3) 用 Prophet 算法对临近预测序列的一段验证序列计算其趋势项、周期项，用验证序列的原始数据减去趋势项和周期项，得到随机波动项。

(4) 用验证序列的随机波动项作为 XGBoost 算法的输入，对待预测序列的随机波动项进行预测。

(5) 合并 Prophet 算法预测得到的趋势项、周期项，以及 XGBoost 算法预测得到的随机波动项，获得待预测序列的预测结果。

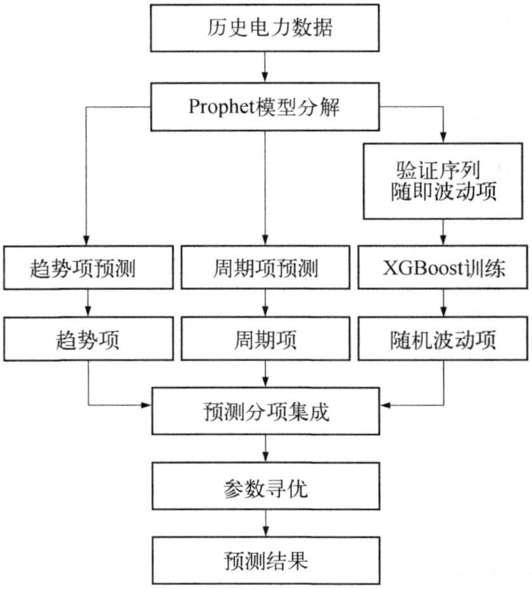

图 3－2 集成 XGBoost＋Prophet 的电力需求预测模型构建流程

3.4.3　人工智能预测方法

1）极限学习机算法原理

单隐含层前馈神经网络（single hidden-layer feedforward neural network，SLFN）以其良好的学习能力在许多领域得到了广泛的应用。然而，传统的学习算法，如向后传播（back propagation，BP）算法等，固有的一些缺点，成为制约其发展的主要瓶颈。极限学习机（extreme learning machine，ELM）是一种单隐含层前馈神经网络学习算法，该算法随机产生输入层与隐含层间的连接权重及隐含层神经元的阈值，且在训练过程中无须调整，只需设置隐含层神经元个数，并通过求解广义逆矩阵的方法得出输出权重矩阵完成训练。与传统的神经网络相比，该算法具有训练速度快、泛化性能好等优点。单隐含层前馈神经网络学习算法的原理如下所述。

假设共有 N 个训练样本 $(x_i,\ y_i)$，其中 $\boldsymbol{x}_i=[x_{i1},\ x_{i2},\ \cdots,\ x_{in}]^{\mathrm{T}}\in R^n$，$\boldsymbol{y}_i=[y_{i1},\ y_{i2},\ \cdots,\ y_{im}]^{\mathrm{T}}\in R^m$，隐含层有 L 个神经元，输入层与隐含层之间的连接权重为 W，隐含层与输出层之间的连接权重为 β，激励函数为 $g(x)$。故网络的输出 $\boldsymbol{T}$ 为

$$\boldsymbol{T}=[t_1,\ t_2,\ \cdots,\ t_N]_{m\times Q},\ \boldsymbol{t}_j=\begin{bmatrix}t_{1j}\\ t_{2j}\\ \vdots\\ t_{mj}\end{bmatrix}=\begin{bmatrix}\sum_{i=1}^{L}\beta_{i1}g(\boldsymbol{w}_i\boldsymbol{x}_j+b_i)\\ \sum_{i=1}^{L}\beta_{i2}g(\boldsymbol{w}_i\boldsymbol{x}_j+b_i)\\ \vdots\\ \sum_{i=1}^{L}\beta_{im}g(\boldsymbol{w}_i\boldsymbol{x}_j+b_i)\end{bmatrix}$$

$$(j=1,\ 2,\ \cdots,\ N) \tag{3-23}$$

式中：$\boldsymbol{w}_i=[w_{i1},\ w_{i2},\ \cdots,\ w_{in}]$ 表示隐含层第 i 个神经元与各个输入层神经元间的连接权重；$\boldsymbol{\beta}_i=[\beta_{i1},\ \beta_{i2},\ \cdots,\ \beta_{im}]$ 表示隐含层第 i 个神经元与各个输出层神经元间的连接权重；b_i 表示隐含层第 i 个神经元的阈值。

式(3－23)可表示为

$$\boldsymbol{H\beta}=\boldsymbol{T}' \tag{3-24}$$

式中：$\boldsymbol{T}'$ 为矩阵 $\boldsymbol{T}$ 的转置；$\boldsymbol{H}$ 称为神经网络的隐含层输出矩阵。

$$\boldsymbol{H}(w_1, \cdots, w_L, b_1, \cdots, b_L, x_1, \cdots, x_N)=\begin{bmatrix} g(w_1 \cdot x_1+b_1)\cdots g(w_L \cdot x_1+b_L) \\ \vdots \\ g(w_1 \cdot x_N+b_1)\cdots g(w_L \cdot x_N+b_L) \end{bmatrix} \tag{3-25}$$

在此基础之上，基于以证明的插值定理和普通极限定理提出了极限学习机算法，不同于传统的 BP 神经网络通过梯度下降法调整输入权值和隐含层阈值的函数逼近理论，极限学习机的参数不需要全部给定进行调整，输入权值和隐含层阈值在训练过程中随机给定，其隐含层的输出矩阵 $\boldsymbol{H}$ 在训练过程中保持不变。

因此，整个神经网络的训练过程相当于寻找线性系统 $\boldsymbol{H\beta}=\boldsymbol{T}'$ 的最小二乘解 $\hat{\boldsymbol{\beta}}$：

$$\| \boldsymbol{H}\hat{\boldsymbol{\beta}}-\boldsymbol{T}' \| =\min_{\beta} \| \boldsymbol{H\beta}-\boldsymbol{T}' \| \tag{3-26}$$

一般情况下，隐含层神经元要远远小于输入层神经元，故此时 $\boldsymbol{H}$ 是奇异不可逆的，可通过广义逆矩阵求解奇异矩阵的逆矩阵，即

$$\hat{\boldsymbol{\beta}}=\boldsymbol{H}^{+}\boldsymbol{T}' \tag{3-27}$$

式中：$\boldsymbol{H}^{+}$ 为隐含层输出矩阵 $\boldsymbol{H}$ 的 Moore-Penrose 广义逆。

2）粒子群优化算法原理

在粒子群优化(PSO)算法中，每个粒子就是 d 搜索空间中的一个潜在解，记为 $X_i=(x_{i1}, x_{i2}, \cdots, x_{id})$。将 X_i 带入目标函数计算其适应度值，则粒子的“好坏”可用适应度值来评判，适应度值越小，粒子就越“好”。第 i 个粒子的速度则是用一个 d 维向量表示，记为 $V_i=(\nu_{i1}, \nu_{i2}, \cdots, \nu_{id})$。在迭代的过程中，第 i 个粒子搜索到的最佳位置记为 $P_{id}=(p_{i1}, p_{i2}, \cdots, p_{id})$，所有粒子搜索到的最佳位置记为 $P_{gd}=(p_{g1}, p_{g2}, \cdots, p_{gd})$。

粒子根据下式更新速度和位置：

$$\begin{cases} V_{id}^{k+1} = \omega V_{id}^{k} + c_1 r_1 (P_{id}^{k} - X_{id}^{k}) + c_2 r_2 (P_{gd}^{k} - X_{id}^{k}) \\ X_{id}^{k+1} = X_{id}^{k} + V_{id}^{k+1} \end{cases} \tag{3-28}$$

式中：$i=1, 2, \cdots, m$；k 表示迭代次数；ω 称为惯性权重因子；非负常数 c_1 和 c_2 称为学习因子；r_1 和 r_2 是 (0, 1) 间的随机数。

惯性权重因子 ω 一般选取的是一个常数或者采用线性递减的方式，但是粒子在搜索的过程中是非线性变化的。因此采用非线性凹函数递减惯性权重方式会获得更好的效果，公式如下：

$$\omega = (\omega_{\max} - \omega_{\min})\left(\frac{k}{T_{\max}}\right)^2 + (\omega_{\min} - \omega_{\max})\left(2\frac{k}{T_{\max}}\right) + \omega_{\max} \tag{3-29}$$

式中：$T_{\max}$ 为最大迭代次数；$\omega_{\max}$ 和 $\omega_{\min}$ 分别为惯性权重的最大值和最小值，通常 $\omega_{\max}$ 取值为 0.9，$\omega_{\min}$ 取值为 0.4。

3.5 小结

就现有研究而言，通过比较可以发现，短期电力需求预测技术的研究情况属于比较成熟的，正好与中长期电力需求预测相反。相较于中长期预测，短期预测有以下优势：① 短期预测的数据较多，可以为模型建立提供足够的输入；② 对短期电力需求预测产生影响的因素较少，且影响因素间关系较稳定。对于中长期电力需求预测而言，当数据的首尾部分时间间隔过大时容易产生时间去相关现象，此外，久远的数据由于记录不当会产生丢失等情况。中长期数据还容易受到各种因素影响，如新冠肺炎疫情、经济危机等，其中的某些因素还存在难以量化的情况，如国家政策、气候等。

由于数据采集频率不同，短期预测和中长期预测的特点也不同，中长期预测主要存在如下问题：

(1) 电力行业面对的客户非常广泛，甚至可以说是面向各个行业和每一个人，所以涉及的需求量很大并且需求面很广。同时，既要考虑与国民生产相关的各个行业的实际生产情况，也要考虑社会居民生活的实际需要，因此难以满足每一个电力客户的用电需求。

(2) 数据采集频率不高,实际获取到的样本偏少,可能无法包含较多的有效信息。这种情况可能会导致预测时输入的信息量不够,给后续的数据处理环节增加难度。此外,还会增加各种影响因素作用的时间。在这些影响因素中,如果是可以进行量化的因素,则可以将其量化后共同参与建模,以提高预测方法的准确性。但是如果因素不可以量化,就会对预测的结果产生很大影响。

(3) 由于各个地区的经济发展水平不同,而经济因素又会对中长期用电需求产生密切影响,说明中长期用电需求具有地区性。因此,对具体地区的电力需求预测需要考虑当地的用电数据采集情况和经济情况,选择(或组合)合适的模型才能较为精确地预测电力需求。

第 4 章

上海电力市场及经济发展情况

4.1 上海经济发展情况

电力是国民经济的支柱和基础，是衡量一个国家经济发达程度的重要标志之一。电力消费与经济发展紧密相关，因此，本章节首先对上海电网外部经济环境进行分析，以了解上海近年来经济发展概况。除此之外，重点针对上海电网用电市场展开分析。用电市场是用电用户的总和，是市场营销的对象，分析市场的行业构成。研究各行业用电量对整个用电市场的影响，进一步研究用电市场中的重点，利用行业用电比重影响程度，调研对用电市场影响最大的重点行业。确定上海电力市场的重点行业对电力市场景气指数构建具有重要意义，为景气指数模型构建部分的相关指标的选择指明了方向。

1）生产总值

上海生产总值始终保持增长趋势，但是增速不一。2000—2008 年增速始终保持在较高水平，最高增速达到 21%。受经济危机影响，2009 年上海 GDP 增速放缓，2010 年反弹至 14%。在 2011—2018 年期间，上海 GDP 增速逐渐降低并趋于平稳。

2018—2021 年，上海经济总体保持增长，但生产总值增速有所波动。2018 年和 2019 年经济增长相对稳定，生产总值增速处于合理区间。2020 年受新冠肺炎疫情严重冲击，一季度经济增速大幅下降，但随后经济逐步复苏，全年实现正增长，体现出上海经济的韧性。2021年经济增长明显加快，生产总值增速达到8.1%，经济恢复态势良好。

上海第三产业始终占据主导地位，并且比重不断提高，对经济增长的贡献较大。尤其是金融业、信息传输、软件和信息技术服务业等现代服务业发展迅速，成为推动上海经济增长的重要力量。上海第二产业在经济中的占比相对稳定，工业结构不断优化升级，战略性新兴产业发展态势良好，对经济的支撑作用不断增强。2021年工业战略性新兴产业总产值增长较快，新能源汽车、新能源和生物等领域表现突出。第一产业占比最小，受城市发展定位等因素影响，增长相对缓慢且有一定波动。

上海经济增长的动力逐渐从传统产业向新兴产业和现代服务业转换。在政策引导下，科技创新能力不断提升，集成电路、生物医药、人工智能等产业快速发展，为经济增长注入新动能。消费市场不断升级，线上消费等新型消费模式快速发展，对经济增长的拉动作用日益增强。同时，固定资产投资保持较快增长，民间投资增势较好，为经济发展提供有力支撑。

2）固定资产投资

除2011年之外，2001—2018年固定资产投资一直保持增长态势，2011年相比之前有所下降。其中，在2001—2004年期间，固定资产投资增速快速上升至22%，然后连续两年回落，除2007年增速小幅回升外，其他年份增速持续下降直至2011年的−3%。2011年后增速逐渐上升，2013年回弹至10%，之后略有下降并逐渐保持稳定。

2018—2021年，从规模与增速看，投资规模持续扩大，但固定资产投资增速有波动。2018年和2019年固定资产投资增速较稳，2020年固定资产投资因政策推动首次呈两位数增长，2021年固定资产投资保持稳定增长；在产业投资结构上，工业投资整体向好，从2018年开始在重点发展行业带动下固定资产投资保持增长，2020年制造业在电子信息、新能源汽车、生物医药等领域增长显著，2021年固定资产投资仍有一定增速。

3）社会消费品零售总额

上海社会消费品零售总额在2000—2004年期间增速较平稳，2004—

2011 年比较活跃，且增速明显高于其他年份。自 2012 年以后，上海围绕中央“六稳”工作要求，全面落实各项促消费政策，着力扩大消费需求，消费品市场运行维持了总体稳定发展态势，上海社会消费品零售总额增速相对稳定，保持在 7%～9%之间。

2018—2021 年上海社会消费品零售总额呈现出以下增长趋势：① 2018 年，总额为 1.27 万亿元，同比增长 7.9%，呈现良好的增长态势，批发和零售业的增长贡献突出；② 2019 年，总额达 1.35 万亿元，增长 6.5%，增速略有放缓，但规模持续扩大，消费市场依然活跃；③ 2020 年，在疫情冲击下，总额达 1.59 万亿元，同比增长 0.5%，虽增速大幅下降，但仍保持正增长，高于全国水平，显示出上海消费市场的韧性。这得益于上海在疫情防控和保障民生消费等方面的积极措施，以及线上消费等新消费模式的发展。

2021 年，随着疫情防控形势向好和促消费政策发力，消费市场回暖，总额延续增长趋势，消费升级类商品销售表现较好，新兴消费模式进一步发展，线上线下融合加速，消费潜力进一步释放，为经济稳定发展持续助力。

4.2　用电情况

1）年度电量分析

加入世界贸易组织（World Trade Organization，WTO）以来，我国经济持续向好，发展迅速。作为国际都市的上海，受经济全球化影响较大，经济发展走在全国前列。经济与电力之间相互影响，关系密切。2000—2018 年上海用电量如图 4-1 所示。可以看到，在 2000—2008 年，上海用电量增速均值相对较高，在经济快速增长的带动下上海用电量增速在 2003 年达到了 16%。

2008 年发端于美国的金融危机席卷全球，给中国经济的发展带来了严峻的挑战，上海首当其冲。受经济发展的影响，上海用电量增速在 2009 年跌至 1.33%。但上海面对金融危机，采取合理措施，从容应对。从图 4-1

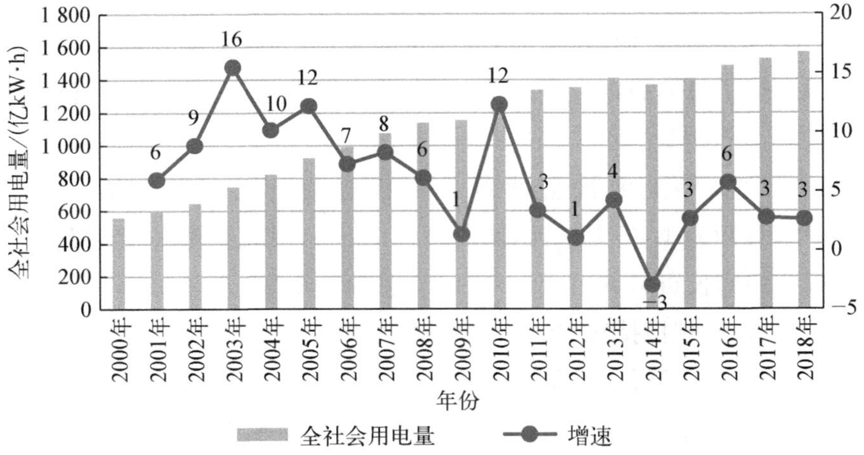

图 4-1　2000—2018 年上海用电量

中可以看出，2010 年上海用电量在经济政策刺激下增速从谷底反弹增至 12.35%。在“十二五”期间，上海加快转变经济发展方式，努力调整产业结构，并且在经济环境的影响下，上海用电量增速逐渐放缓。

查阅上海历史天气情况，了解到 2014 年上海平均最高气温相对较低，受气象条件影响，2014 年居民用电量及第三产用电量明显下跌，增速分别降至−15%和 1%；受经济结构调整的影响，工业领域增速放缓明显，制造业企业等传统用电大户呈现向外转移趋势，导致第二产业用电量出现下跌情况。综合来看，2014 年上海用电量下降至−3%是居民用电量、第二产业及第三产业用电量下降共同作用的结果。之后上海用电量增速快速回升，2016 年达到 6%，2017—2018 年有所回落。

2）*月度电量分析*

上海用电量受季节影响较明显，每年 7、8 月份会出现一个用电高峰。此外，冬季负荷高峰也相对明显，不仅夏季空调降温负荷较高，且冬季采暖负荷也相对春秋季节较明显。

3）*产业用电分析*

受我国产业结构转型、技术进步，以及第三产业比重增加等多重因素的影响，上海近年来产业结构正在逐渐调整，第三产业比重逐渐扩大，第二产业中的高耗能重污染的行业占比逐年缩小。此外,上海改善民生工作也走在了国家前列,城乡居民生活质量有了大幅提高,城乡居民用电量也在逐年上升。下面对上海各产业及居民用电分别进行电量分析。

上海用电量为全行业用电量与城乡居民用电量之和,图 4-2 所示为 2018 年各产业用电及居民用电占上海用电量的比重。其中,在上海用电量中,第一产业用电量占 0.33%,第二产业用电量占 50.73%,第三产业用电量占 33.39%,居民用电量占 15.55%。

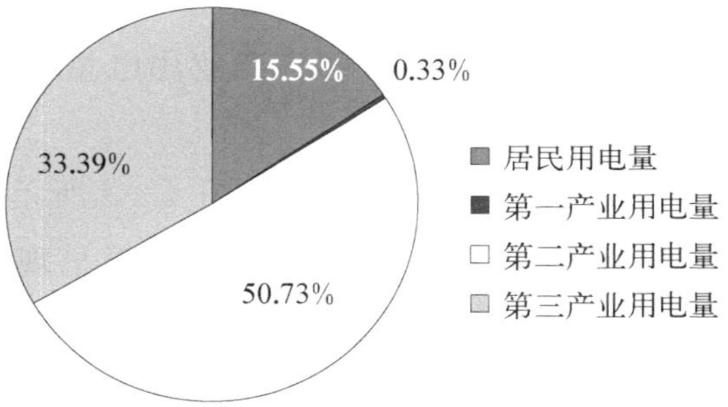

图 4-2　2018 年各产业用电及居民用电量占上海用电量的比重

4.2.1　第一产业用电情况

上海作为国际化大都市,经济结构呈现出鲜明的特色,在上海的用电量中,第一产业用电量一直处于较低水平。这是因为上海产业结构以第二产业中的先进制造业和第三产业的服务业等为主,第一产业占经济总量的比重非常小。

上海第一产业主要包括农业、林业、渔业和畜牧业等。近年来,上海第一产业规模相对稳定,但在上海生产总值中的比重持续降低。从用电量数据来看,第一产业在其中占比相对较小,且用电量比较稳定,波动较小。

在 2019—2023 年期间,上海第一产业用电量占上海用电量的比重始终维持在 0.2%～0.3%之间。例如,2021 年 1—7 月上海累计用电量约为 972 亿 kW・h,其中第一产业用电量仅约为 2.6 亿 kW・h,占比仅为

0.27%。

本书在对上海用电量进行需求预测时，不再考虑第一产业的影响。

4.2.2　第二产业用电情况

4.2.2.1　年度电量分析

第二产业以高耗能产业为主，是上海用电量中占比最高的产业。中国加入世界贸易组织以后，上海第二产业中的支柱产业如钢铁工业、汽车制造业、通信设备制造业等逐渐融入世界经济，这些产业被要求进一步做大、做强和做优。在经济向好的大环境下，第二产业用电量也保持了持续快速增长。

2000—2018 年上海第二产业用电量如图 4-3 所示。2009 年，上海第二产业受全球性经济危机影响较大，产业用电量呈现负增长态势。面对金融危机，上海积极应对，效果明显。2010 年，上海用电量增速快速反弹至 12%。在“十二五”期间，上海第二产业在现有生产规模的基础上优化结构，发展精品，淘汰落后。进入 2014 年后，由于结构转型及节能减排和经济的多重作用，传统重工业去产能压力依然不小。在 2010—2018 年期间，上海第二产业用电量增速较低。

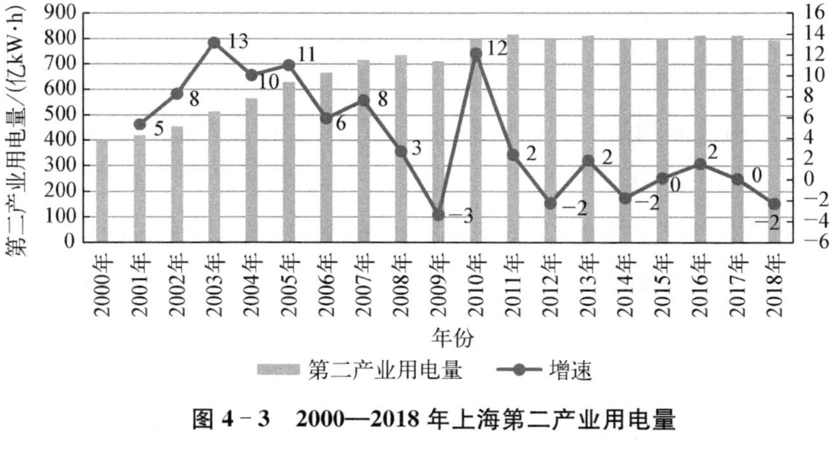

图 4-3　2000—2018 年上海第二产业用电量

4.2.2.2　月度电量分析

上海第二产业用电量特点与上海用电量相似。第二产业用电量受季节影响较明显，2000—2019 年 7、8 月份会出现一个用电高峰。

4.2.2.3　第二产业重点行业用电情况

第二产业是上海国民经济中的重要组成部分，在上海用电量的占比基本保持在 50%左右的水平。从上海行业用电量的角度分析可知，对第二产业用电量产生较大影响的行业主要集中在工业部分，因此着重分析工业下属行业用电量情况。

上海工业重点行业分别为占比较大的黑色金属冶炼及压延加工业，化学原料及化学制品制造业，计算机、通信和其他电子设备制造业，以及金属制品业等行业。下面着重对重点行业发展情况进行剖析。

1）黑色金属冶炼及压延加工业

随着我国对产业结构的调整，上海钢铁产业提升发展面临诸多问题，包括资源环境带来的制约、钢铁产业布局的进一步优化等。受这些因素的影响，预计未来一段时间内上海黑色金属冶炼和压延加工业的发展将有很大压力。从行业月度用电情况也可以看到，2017—2019 年月度用电量大部分呈现递减趋势，预计短期内月度用电量的整体走势不会有上扬的可能。2017 年 1 月至 2019 年 1 月黑色金属冶炼及压延加工业用电量分析如图 4-4 所示。

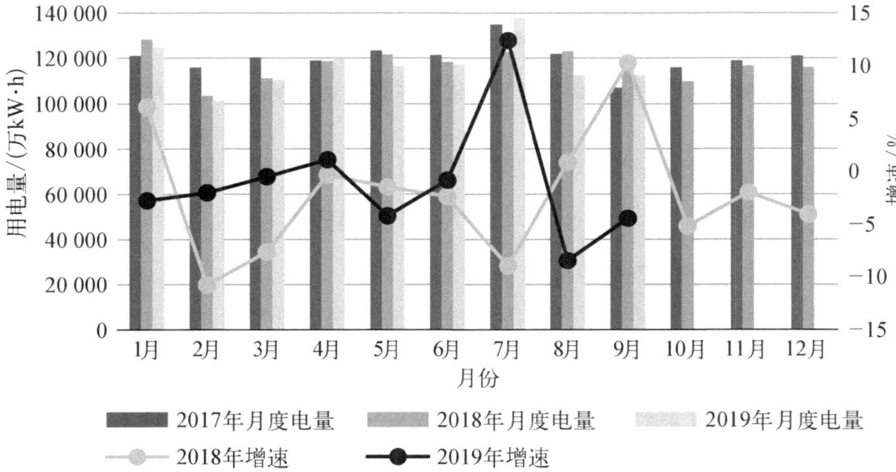

图 4-4　2017 年 1 月至 2019 年 1 月黑色金属冶炼及压延加工业用电量分析

2）化学原料及化学制品制造业

2018 年政府工作报告明确指出，经济增长的动能要从传统的粗放型向集约效率型转换。近几年来，上海石化行业致力于淘汰落后产能，积极培育经济增长新动能的产业升级转换改革已经初见成效。在此期间，上海各家石化企业抓住新动能转换机遇，全力以赴增加负荷、放大产能。上海优越的地理位置、雄厚的石化产业基础、经过调整发展的行业格局，以及世界级规模、园区循环经济试点和生态园区示范的上海化学工业区的建成等条件为化工行业未来长足发展奠定了基础。2017 年 1 月至 2019 年 9 月化学原料及化学制品制造业用电量分析如图 4－5 所示。

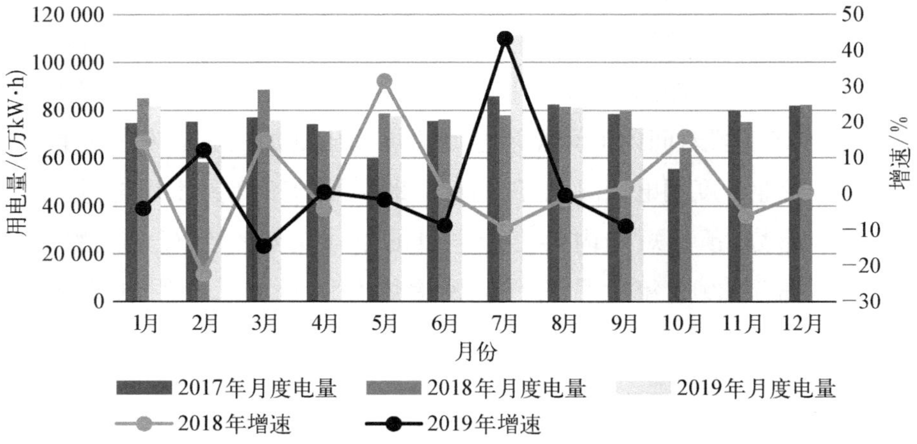

图 4－5　2017 年 1 月至 2019 年 9 月化学原料及化学制品制造业用电量分析

从行业月度用电量数据可以看出，2017—2019 年行业月度用电量整体呈增长趋势，月度用电量增速波动较大，增长趋势不稳定。

3）计算机、通信和其他电子设备制造业

计算机、通信和其他电子设备制造业是上海的重点行业，也是上海发展相对成熟的产业。2017 年 1 月至 2019 年 9 月计算机、通信和其他电子设备制造业用电量如图 4－6 所示。可以看到，上海的计算机、通信和其他电子设备制造业用电量总体呈递增状态，月度电量增速差异较大。2018 年行业用电量增长趋势明显高于 2017 年，2019 年前 9 个月用电量较同期用电量呈递增趋势，尤其是 7 月份，行业用电量实现了 36.4%的增速。

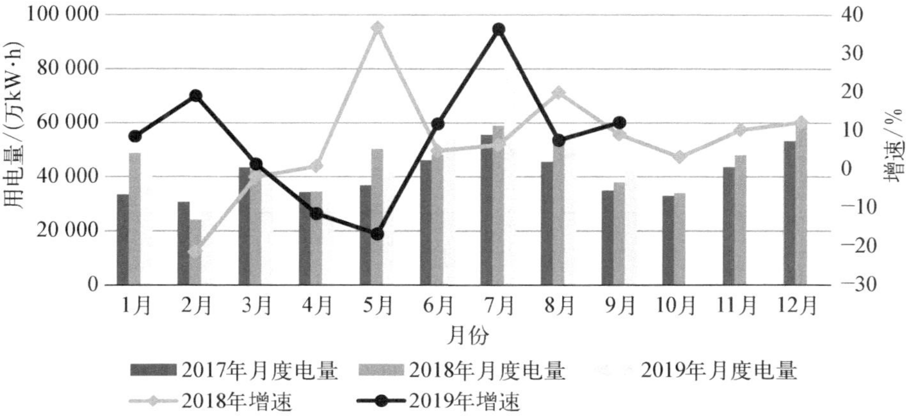

图 4－6　2017 年 1 月至 2019 年 9 月计算机、通信和其他电子设备制造业用电量

在上海深化供给侧结构性改革，加快构建以现代服务业为主体、战略性新兴产业为引领、先进制造业为支撑的现代产业体系的市场环境下，预计该行业用电量将持续性增长。

4）金属制品业

金属制品业包含结构性金属制品制造、金属工具制造、集装箱及金属包装容器制造、金属丝绳及其制品制造、建筑及安全用金属制品制造、金属表面处理及热处理加工、搪瓷制品制造、金属制日用品制造、铸造及其他金属制品制造等行业，涉及范围广泛。

目前，国内经济增长呈现结构性减速的“新常态”，金属制品业发展受到限制，行业用电量在此环境下呈现递减趋势。2017 年 1 月至 2019 年 9 月金属制品业用电量分析如图 4－7 所示，可以看到，近年来该行业在的用电量整体处于收缩态势。

4.2.3　第三产业用电情况

4.2.3.1　年度电量分析

进入 21 世纪以来，受到国家及地区政策，以及经济全球化影响，上海加快发展第三产业的步伐，第三产业用电量实现较快的增速。2000—2018 年

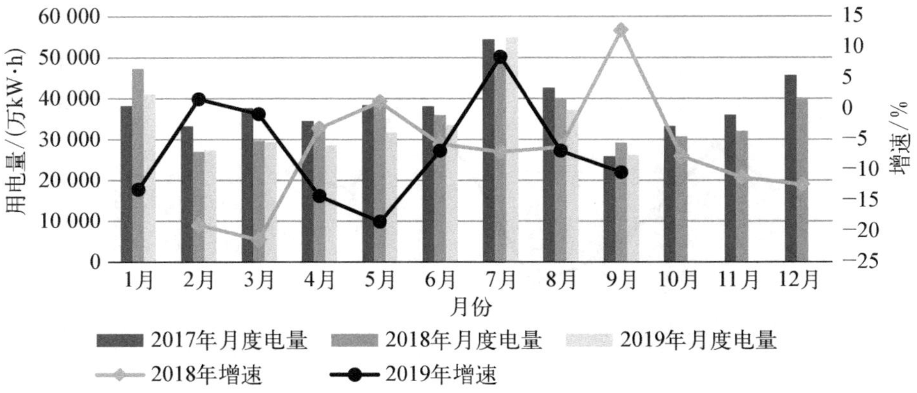

图 4-7　2017 年 1 月至 2019 年 9 月金属制品业用电量分析

上海第三产业用电量如图 4-8 所示，可以看到，上海第三产业用电量在 2000—2010 年间持续保持高位增长。

图 4-8　2000—2018 年上海第三产业用电量

在“十二五”规划期间，上海正处于工业经济向服务经济过渡的关键时期，国际金融危机的影响加大了产业转型的难度，第三产业结构还有待优化。上海第三产业用电量增速在 2011 年跌至 5.58%，虽然仍保持增长趋势，但增速大幅降落。由于 2014 年是国家深化体制改革的第一年，第三产业下属多个行业发展受到冲击，导致用电量下跌严重。可以看到，2014 年上海第三产业用电量增速跌至 0.99%。

进入“十三五”以来，产业结构升级和消费结构的多样化，放大了上海第三产业增长空间，为第三产业发展注入新的活力。上海第三产业用电量在2014 年后触底反弹，保持快速增长。初步预计，上海第三产业将会持续保持快速增长态势。

4.2.3.2　月度电量分析

上海第三产业用电量特点与上海用电量，以及第二产业用电量特点略有不同，基本上每年保持一定的自然增长态势。第三产业用电量受季节影响较明显，每年 7、8 月份会出现一个用电高峰。此外，第三产业由于与人民生活各方面息息相关，因此也更容易受到季节影响，冬季用电量高峰明显。

4.2.3.3　第三产业重点行业用电情况

第三产业是上海国民经济中的重要组成部分，其用电量在上海用电量中约占 1/3 的比重，对上海用电量的增长变化情况影响较大。因此，特别展开对上海第三产业相关行业的用电量分析。

上海第三产业行业用电量占比较大的行业分别为房地产业，公共服务及管理组织，批发和零售业，交通运输、仓储和邮政业等行业。下面将针对第三产业重点行业进行分析。

1）房地产业

随着国家出台一系列的调控措施，上海房地产业发展状态逐步趋于稳定状态。2018 年，上海认真贯彻国家“因城施策”的房地产调控要求，加快建立多主体供应、多渠道保障、租购并举的住房制度，保持房地产调控政策的连续性和稳定性，确保本市房地产市场平稳健康发展。楼市预期进一步回归理性，市场运行总体平稳。

2017 年 1 月至 2019 年 9 月房地产业月度用电量分析如图 4－9 所示。通过行业电量分析图可以看到，在 2017—2019 年期间，房地产业行业用电量逐年增长，但 2019 年行业用电量增速较 2018 年有了明显回落，行业用电量趋于稳定。

2）公共服务及管理组织

2017 年上海政府印发《上海基本公共服务项目清单》，要求认真贯彻落

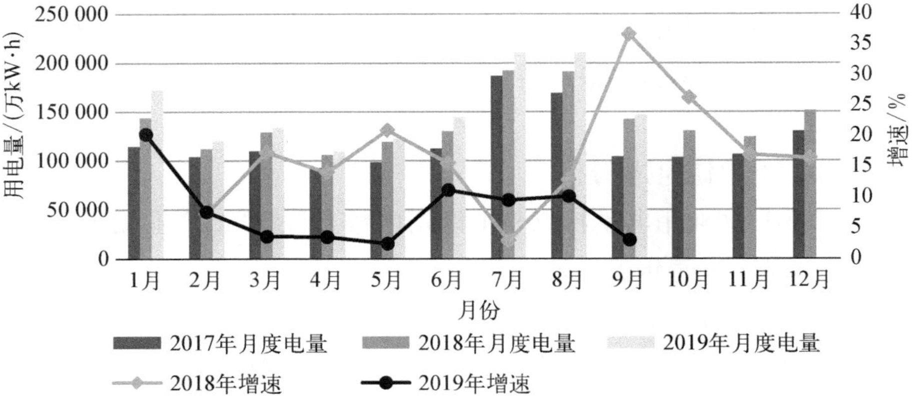

图 4-9　2017 年 1 月至 2019 年 9 月房地产业月度用电量分析

实党的十九大精神，坚持在发展中保障和改善民生，推动上海在幼有所育、学有所教、劳有所得、病有所医、老有所养、住有所居、弱有所扶上取得新进展，进一步增进人民群众的福祉。上海历来比较注重民生，在保障公共服务建设方面制订了一系列措施，促进该行业发展。

2017 年 1 月至 2019 年 9 月公共服务及管理组织月度用电量分析如图 4-10 所示。行业用电量分析图也可以印证该行业的发展趋势，2018 年行业月度用电量平均增速水平较高，2019 年增速虽有所回落，但月度用电量水平仍保持相对稳定的增长趋势。

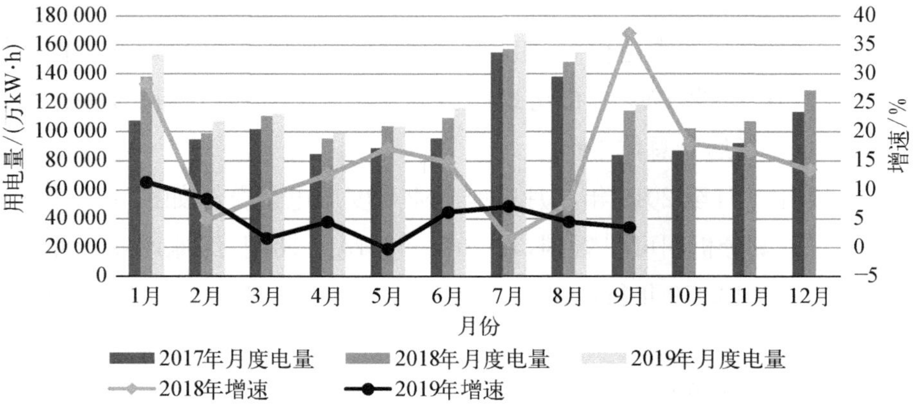

图 4-10　2017 年 1 月至 2019 年 9 月公共服务及管理组织月度用电量分析

3）批发和零售业

批发和零售业是社会化大生产过程中的重要环节，是决定经济运行速度、质量和效益的引导性力量，是我国市场化程度最高、竞争最为激烈的行业之一。目前，从宏观经济走势来看，居民收入水平整体处于较快上升阶段，这将会刺激消费，有利于批发和零售业的发展。2017年1月至2019年9月批发和零售业月度用电量分析如图4－11所示，可以看到，2018年行业用电量较2017年增长明显，大部分月用电量增速较高。2019年较2018年月度用电情况呈缩减趋势的月份占多数，实体店零售业受互联网冲击，以及进出口贸易的影响，2019年行业用电量增速放缓。从长远来看，我国居民消费无论是总量上，还是结构上都有相当大的发展空间，这为我国批发零售行业的发展提供了良好的中长期宏观环境。

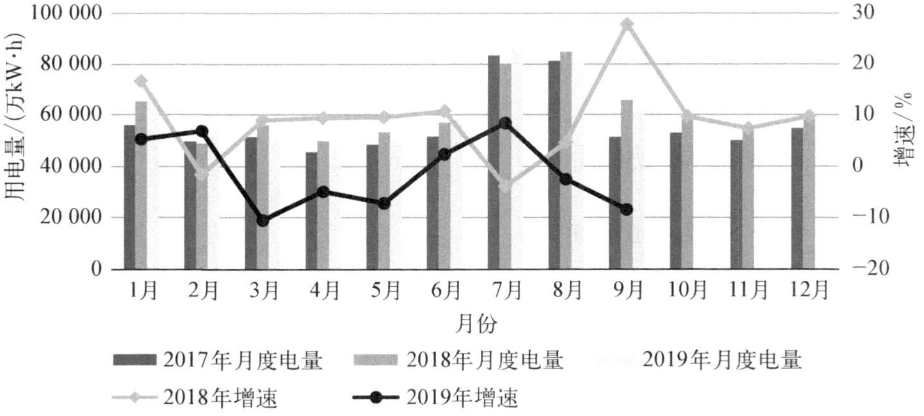

图4－11　2017年1月至2019年9月批发和零售业月度用电量分析

4）交通运输、仓储和邮政业

为满足长三角地区日益增长的旅客运输需求，上海交通运输行业围绕完善和提升“枢纽型、功能性、网络化”的国际大都市一体化交通体系，继续推进综合交通体系建设和管理。上海交通基础设施网络和功能不断完善，交通运输服务能力持续提升，国际航运中心建设深入推进，综合交通管理补短板取得实效，行业转型升级步伐加快。2017年1月至2019年9月交通运输、仓储和邮政业用电量分析如图 4-12 所示，可以观察到，2018 年上海交通运输业用电量较 2017 年增长明显。受到进出口贸易的影响，2019 年较 2018 年月度用电量情况增长情况有所减少，2019 年该行业整体发展情况尚不明朗。

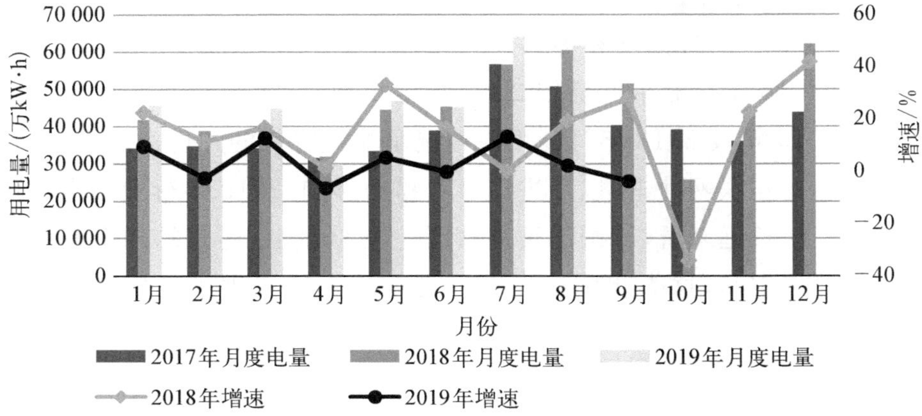

图 4-12　2017 年 1 月至 2019 年 9 月交通运输、仓储和邮政业用电量分析

4.2.4　城乡居民生活

4.2.4.1　年度电量分析

进入 2000 年以来，由于经济发展状况逐渐趋好，上海吸引了大批外来人口，人口基数大幅增加，导致用电量大幅增加。另外，随着上海居民收入的提高、全球气候的变暖、居民对舒适度要求的提升及居民对健康、美观等要求的提高等各方面因素，冰箱、空调等大功率电器迅速进入家庭，居民生活用电量大大增加，电量增长强劲。

2014 年上海平均最高气温相比其他年份明显偏低，加之居民用电量受温度影响较显著，因此，上海居民用电量明显降低，增速跌至 −15%。2015 年用电量增速基本恢复，2016 年相对于 2015 年气温上升明显，居民用电量增速快速上升至 17%。随后用电量增速放缓。

预计随着上海经济的增长和居民收入的增加，未来几年居民用电仍有较大的增长潜力。2000—2018 年上海城乡居民生活用电量如图 4-9 所示。

4.2.4.2　月度电量分析

上海居民生活用电量呈现明显的季节特征。每年有两个用电高峰，分别是夏季和冬季，夏季高峰更明显，出现在每年的 8，9 月份，冬季也会出现一个用电高峰，发生在每年的 1，2 月份（见图 4－13）。

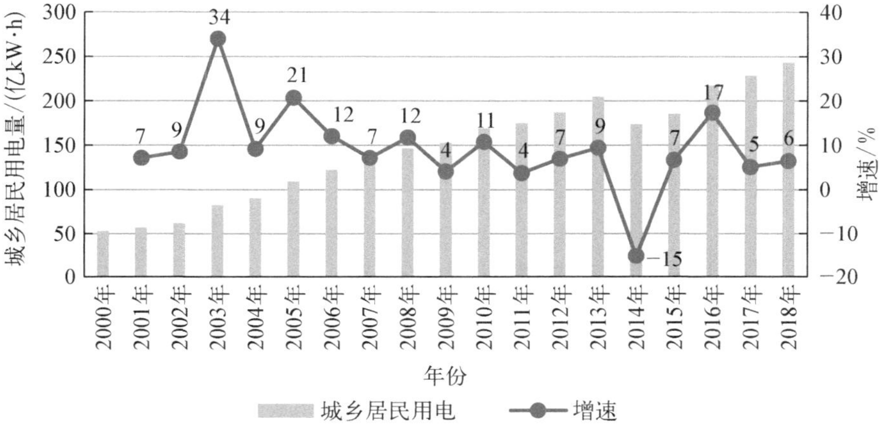

图 4－13　2000—2018 年上海城乡居民生活用电量

4.3　小结

本章通过对上海电力市场的全面剖析和深层次挖掘，对上海电力市场重点行业进行分析研究。上海重点行业的相关指标数据为上海电力市场景气指数的构建奠定了数据基础。在第五章中的参考指标即来自重点行业的相关指标。

总体来看，在 2017—2019 年期间，构成上海电力市场的主体集中在第二产业中的黑色金属冶炼及压延加工业，化学原料及化学制品制造业，计算机、通信和其他电子设备制造业，金属制品业等，以及第三产业中的房地产业，公共服务及管理组织，批发和零售业，交通运输业，其变化趋势在较大程度上影响着上海电力市场的变动情况。故在后续章节的相关指标收集过程中，着重收集重点行业的相关指标，为指数模型的构建奠定数据基础。

第 5 章

电力市场景气指数模型研究

5.1 电力市场景气指数模型理论研究

庞大的统计指标体系，成千上万的统计数据，形成了规模巨大的信息资源。随着先进技术手段在数据处理、存储、传递等方面的运用，从巨大的信息资源中及时准确地加工提炼出反映宏观经济运行状态特征的信息成为可能。而形成并影响景气波动的不仅有产业的活动，还包括就业、金融、财政、消费、物价、贸易等领域广泛的经济活动，在这些领域中形成了成千上万的经济指标。从大量经济指标中选择出最能反映电力市场状况的指标，必须具备下述条件。

(1) 经济重要性。所选指标在经济上有重要意义，综合起来能代表经济活动的主要方面。

(2) 统计充分性。所选指标具有较长的样本区间，比较完整，覆盖面大，数据的周期波动基本得到体现。

(3) 敏感性。所选指标的变动与经济状况波动（基准循环）有密切联系，先行、同步、滞后特征比较明显。

(4) 实效性和准确性。所选指标数据的取得在实效性和准确性上有保障。

指标体系的构建要遵从以上原则，而且必须建立在对研究对象基本性质及其内部联系的认识基础之上，进行指标选择的模型运用也应以此为基础。

5.1.1 景气指标分类

景气指标是电力市场景气分析的基础，大量的指标通过适当的数学方法重新分类并充分整合。常规的景气指标一般归为一致指标、先行指标和滞后指标三类。

(1) 一致指标(coincident indicators)。一致指标是指该指标的波动与研究对象的景气变动大体一致。

(2) 先行指标(leading indicators)。先行指标是指在研究对象达到高峰(或低谷)前，超前出现峰和谷的指标，目前许多国家都把先行指标作为短期预测的重要依据。

(3) 滞后指标(lagging indicators)。滞后指标是指那些转折点(峰或谷)滞后于研究对象波动的指标，它的峰和谷的出现可以确认研究对象波动的高峰或低谷确已出现。

景气指标研究的主要目的在于：一方面，观测目前电力市场所处的状态；另一方面，对未来电力市场的发展变化趋势展开预测。因此，从上面的指标分类来看，与市场发展变化有因果关系，并且在时间序列上稳定领先于市场变化的先行指标构建的景气指数将能够满足于预测的需求；而找到与市场发展变化相匹配的一致指标，基于一致指标构建的景气指数将满足对于观测电力市场目前状态的需求，并可有效避免因市场的偶然波动而进行状态误判断。因此，研究将集中在基于先行指标和一致指标的景气指数的构建上。

5.1.2 景气指标的筛选

目前比较有效的景气指标筛选方法主要有峰谷对比法、循环方式匹配法、聚类分析法、K-L信息量法与时差相关分析法。其中，K-L信息量法是对指标总体形态分布的拟合程度进行评价的一种方法，它从概率的角度阐述了两个变量的分布关系，最符合判断两个指标相关性的要求，也是当前景气指数分析法中常用的计算方法之一。因此，通过选取K-L信息量法对指标进行定量计算，再利用峰谷对比法对指标进一步筛选，最终确定指标类型。

5.1.3 景气指数的编制方法

景气指数方法的基本出发点是，经济周期波动是通过一系列活动来传递和扩散的，任何一个影响因素本身的波动过程都不足以代表经济整体的波动过程。各领域的周期波动不是同时发生的，而是从某些领域向其他领域，从某些产业向其他产业，从某些地区向其他地区波及、渗透的极其复杂的一个过程。

目前国际上通用的景气指数编制方法有扩散指数法和合成指数法两类。扩散指数虽然能有效地预测经济循环的转折点，但却不能明确表示经济循环变化的强弱。而合成指数法，是根据同类指标中各序列循环波动程度，考虑各序列在总体经济活动中的重要性加权(有时不加权)综合编制而成，以反映总体经济循环波动程度的指标。它既能用来判断循环转折点，又能从量上反映循环波动的程度。因此，本书选取合成指数法进行景气指数的编制。

5.1.4 景气指标的预处理

5.1.4.1 指标选择

为构建电力市场景气指数，基于景气指标的四个选取标准，本书收集了国家统计局、上海统计局、中经网产业数据库的相关月度指标。由于信息系统建设的原因，个别指标的数据序列较短，为保证所选指标数据区间的跨度一致，在构建景气指数时统一选取 2014 年 1 月至 2019 年 9 月的月度数据。

5.1.4.2 指标处理方法

1）“古典循环”的选取

反映经济活动波动的基准有古典循环、增长循环和增速循环。古典循环是指依据指标绝对量的增长或减少来反映研究对象的波动，当主要指标绝对量开始减少后，判定研究对象处于收缩阶段，持续减少一定时间后即判定经济出现衰退。增长循环指依据指标绝对量围绕其变化趋势而发生的偏离程度来反映研究对象的波动，当主要指标绝对量低于其变化趋势时，就判定研究对象处于收缩阶段。增速循环是运用指标的增速来反映研究对象运行的态势。如果主要指标增速处于下降的态势并延续一定的时间，就判定研究对象处于收缩阶段。在研究经济周期的主要机构中，美国国家经济研究局(National Bureau of Economic Research，NBER)、世界大型企业联合会采用古典循环方法进行经济波动的监测。经济合作与发展组织(Organization for Economic Co-operation and Development，OECD)采用增长循环来进行经济波动的监测。美国经济周期研究所(Economic Cycle Research Institute，ECRI)采用古典循环和增长率循环两种方法进行经济波动的监测。

考虑增速、增长量均是以上一个时间周期为基准值进行计算的，上一个周期时指标的增速、增量变化会对本期指标带来较大的影响，导致实际景气波动与时间不符，也就是说在景气波动的前提下增速的波动会有滞后的嫌疑。因此，将采用古典循环方法对上海电力市场波动进行监测。为了及时、准确地把握上海各行业的景气波动，采用月度数据来进行分析。

2) 数据处理意义

景气分析指标处理的本质是对各指标时间序列进行初步调整，即对将要分析的时间序列的预处理。具体到电力市场领域，景气指标的处理就是结合实际情况，剔除和修正各个行业的月度数据序列中的极端值，进行季节调整和趋势分解，消除各种不确定因素的影响，使整个序列符合景气分析要求的过程。

一般认为，月度时间序列数据是由四种因素组成的，分别为长期趋势因素(T)、波动循环因素(C)、季节因素(S)与不规则因素(I)。长期趋势因素代表经济时间序列长期的趋势特性。波动循环因素是以数年为周期的一种景气变动。在研究经济序列时，它反映了经济的扩张与收缩，繁荣与萧条。季节变动因素是每年重复出现的循环变动，反映由于温度、降雨、假期等因素引起的，以12个月为周期的周期影响。季节因素和循环因素的区别在于，季节因素是固定间距的循环，而循环因素是周期不固定的波动。不规则因素又称为随机因子，残余变动或噪声，其变动无规律可循，这类因素是由偶然发生的事件引起的。

主要对象为时间序列中的趋势循环因素，因此需要将其他因素从时间序列中剔除。一般不规则因素无法直接提取，故直接忽略；对于季节因素，由于月度数据的时间序列通常都具有一年一度的周期性变化，这种周期变化在经济分析中称为季节性波动，季节变动要素和不规则要素往往掩盖了序列的变化规律，给研究序列趋势和进行序列相关分析带来困难，因此需要对时间序列进行季节调整。

3）季节调整方法简介

季节调整作为指标计量分析的重要方法，对电力市场景气研究具有重要意义。本节采用基础的季节调整方法——X-11 方法对指标进行预处理。该方法可对电力供需预警理论研究的拓展，提供可行的方向与技术的支持。

X-11 方法的核心在于一个基于移动平均比率法的三阶段调整程序，这个三阶段调整程序通过对序列反复的探测，最终确定序列的季节因素、趋势-循环因素，以及不规则因素。其中，用于估计趋势与季节因素的移动平均方法通过特定的诊断在多种方式中选择。这种选择的机制使得 X-11 方法能够适应不同长度、不同波动强度的序列调整。另外，X-11 方法还提供可以考虑含有主观因素的离群值调整与交易日效应的调整。

5.1.4.3 指标分类原则

1）基准指标的选择

进行指标分类前，需要选择研究对象的基准指标。所谓基准指标一般是一个重要的能够敏感地反映一个行业当前经济活动的经济指标，一般选择一致指标作为基准指标，然后以该指标为标准。

对于本书而言，分析对象为电力市场运行情况，因此选择用电量作为基准指标。

2）指标分类原则

以基准指标为标准，分别对被选指标计算其 K-L 信息量，并辅之以峰谷对比法进行定性比对，筛选出相对于基准指标的先行和一致指标组。在经济分析中，先行指标一般应满足下面的条件：

(1) 序列的各个特殊循环的峰(或谷)的时点要比基准循环时点至少先行 3 个月以上,并且这种先行关系比较稳定。

(2) 指标的经济性质具有比较肯定的、明确的先行关系。

一致指标一般反映当前的景气变动状况,确定一致指标的标准和先行指标大体类似。在本书中,与基准循环的对应上,要求一致指标的循环时点与基准循环时点的时差保持在±2 个月以内。

5.2　电力市场景气指数构建及用电量走势外推

通过建立上海电力市场的景气指数模型,以上海用电量分布作为切入点,剖析电力市场结构,从而挖掘对其产生影响的主要因素,并基于此构建景气指数模型。

根据上海行业用电量的分析可知,对整体电量产生较大影响的行业为第二产业中的黑色金属冶炼及压延加工业,化学原料及化学制品制造业,计算机、通信和其他电子设备制造业,金属制品业等。除此之外,第三产业中的房地产业,公共服务及管理组织,交通运输业、仓储和邮政业,批发和零售业对电力市场的影响也必须考虑。

以上主要是基于行业产业链考虑相关指标的选取,除此之外,还应从宏观角度考虑指标选取问题。因此,现将上述 8 个行业,以及工业宏观指标作为反映电力市场整体发展变化的代表对象。

5.2.1　电力市场景气指标筛选

5.2.1.1　电力市场景气指标群

依据指标筛选流程,本书将重点行业收集指标按照所代表行业进行分类,结果如下。

1) 民生指标

民生指标即直接关系人民生活利益的相关指标,包括进出口商品总额、食品饮料、家用电器、电力、燃气、水的生产和供应业等指标,具体如表 5－1 所示。

表 5-1 民生指标

所属行业	指标名称	数据来源	发布时间
民生行业	上海进出口商品总额/亿元	国家统计局	2019 年 10 月
	全国进出口商品总额/亿元		
	上海家用洗衣机产量/万台		
	上海家用空气调节器产量/万台		
	上海彩色电视机产量/万台		
	上海饮料产量/万 t		
	燃气生产和供应业产值/亿元	上海市统计局	
	水的生产和供应业产值/亿元		

注：民生行业相关指标来源于国家统计局，以及上海市统计局，发布时间集中在 2019 年 10 月，指标数据为 2014 年 1 月至 2019 年 9 月的月度数据。

2）工业宏观指标

工业宏观指标选取结果如表 5-2 所示。

表 5-2 工业宏观指标选取结果

所属行业	指标名称	数据来源	发布时间
工业宏观指标	规模以上工业总产值合计产值/亿元	上海市统计局	2019 年 10 月
	上海工业总产值/亿元		
	大型工业产值/亿元		
	规模以上工业出口交货值产值/亿元		

注：工业宏观指标来源于上海市统计局，发布时间集中在 2019 年 10 月，指标数据为 2014 年 1 月至 2019 年 9 月的月度数据。

3）主要行业经济发展水平类指标

依据用电量分布结构，以黑色金属冶炼及压延加工业，化学原料及化学制品制造业，计算机、通信及其他电子设备制造业，金属制品业，第三产业等行业作为典型代表，结合第三章中指标选择方法筛选重点行业主要影响指标。此外，还从宏观角度考虑，选取部分工业宏观指标作为参考指标。

（1）黑色金属冶炼及压延加工业指标。黑色金属冶炼及压延加工业指标主要从行业上下游产业链考虑，进行行业相关指标的筛选工作。以上海用电量为基准指标，初步收集该行业相关指标，具体如表 5－3 所示。

表 5－3　黑色金属冶炼及压延加工业收集指标

所属行业	指　标　名　称	数据来源	发布时间
黑色金属冶炼及压延加工	上海粗钢产量/万 t	国家统计局	2019 年 10 月
	全国粗钢产量/万 t		
	上海生铁产量/万 t		
	全国生铁产量/万 t		
	上海成品钢材产量/万 t		
	全国成品钢材产量/万 t		
	上海焦炭产量/万 t		
	全国焦炭产量/万 t		
	黑色金属冶炼和压延加工业产值/亿元	上海市统计局	
	精品钢材制造业产值/亿元		

注：黑色金属冶炼及压延加工业相关指标来源于国家统计局，以及上海市统计局，发布时间为 2019 年 10 月，指标数据为 2014 年 1 月至 2019 年 9 月的月度数据。

（2）化学原料及化学制品制造业指标。从行业上下游产业链角度看，化学原料及化学制品制造业主要供给指标为原油，其消费领域主要是化学试剂、化工品制造等，其他领域包括焦炭等。具体如表 5－4 所示。

表 5-4 化学原料及化学制品制造业收集指标

所属行业	指 标 名 称	数据来源	发布时间
化工行业	上海原油产量/万 t	国家统计局	2019 年 10 月
	全国原油产量/万 t		
	上海天然气产量/亿 m^3		
	上海石油沥青产量/万 t		
	全国石油沥青产量/万 t		
	上海汽油产量/万 t		
	全国汽油产量/万 t		
	上海化学纤维产量/万 t		
	上海乙烯产量/万 t		
	全国乙烯产量/万 t		
	上海塑料制品产量/万 t		
	全国初级形态塑料产量/万 t		
	上海硫酸产量/万 t		
	上海烧碱产量/万 t		
	全国煤油产量/万 t		
	上海煤油产量/万 t		
	全国液化石油气产量/万 t		
	上海液化石油气产量/万 t		
	全国煤气产量/亿 m^3		
	上海煤气产量/亿 m^3		
	化学原料和化学制品制造业产值/亿元	上海市统计局	
	医药制造业产值/亿元		

注：化学原料及化学制品制造业相关指标来源于国家统计局，以及上海市统计局，发布时间为 2019 年 10 月，指标数据为 2014 年 1 月至 2019 年 9 月的月度数据。

(3) 计算机、通信及其他电子设备制造业。计算机、通信及其他电子设备制造业是上海重点行业,也是近年来上海工业发展的热点。该行业包括计算机,以及相关设备制造业、通信设备制造业,以及手机等电子设备制造业。初选相关指标如表5-5所示。

表5-5　计算机、通信及其他电子设备制造业收集指标

所属行业	指标名称	数据来源	发布时间
计算机、通信及电子制品	上海微型计算机产量/万台	国家统计局	2019年10月
	全国微型计算机产量/万台		
	上海集成电路产量/万块		
	全国集成电路产量/亿块		
	上海电工仪器仪表产量/万台		
	全国电工仪器仪表产量/万台		
	上海移动通信手持机产量/万台		
	全国移动通信手持机产量/万台		
	计算机、通信和其他电子设备制造业产值/亿元	上海市统计局	
	电子信息产品制造业产值/亿元		

注：计算机、通信及其他电子设备制造业相关指标来源于国家统计局,以及上海市统计局,发布时间为2019年10月,指标数据为2014年1月至2019年9月的月度数据。

(4) 金属制品业。金属制品行业包括结构性金属制品制造、金属工具制造、集装箱及金属包装容器制造、不锈钢及类似日用金属制品制造等,应用范围广泛。从产业链上下游的角度考虑,初步选取表5-6中所包含的指标作为上海金属制品业的相关指标。

表 5-6 金属制品业收集指标

所属行业	指 标 名 称	数据来源	发布时间
金属制品业	上海汽车产量/万辆	国家统计局	2019 年 10 月
	全国汽车产量/万辆		
	上海发电设备产量/万 t		
	全国发电设备产量/万 t		
	上海交流电动机产量/万 kW		
	全国交流电动机产量/万 kW		
	铜材产量当月值/万 t		
	电动手提式工具/万台		
	铝材产量当月值/万 t		
	电气机械和器材制造业产值/亿元	上海市统计局	
	汽车制造业产值/亿元		
	金属制品业产值/亿元		
	成套设备制造产业/亿元		

注：金属制品行业相关指标来源于国家统计局，以及上海市统计局，发布时间为 2019 年 10 月，指标数据为 2014 年 1 月至 2019 年 9 月的月度数据。

(5) 第三产业。

第三产业包含八大行业，根据第四章分析结果确定上海第三产业重点行业。此处围绕第三产业重点行业选择相关指标，初步选择结果如表 5-7 所示。

4) 电力市场本身发展水平指标

电力市场本身包含用电量、发电量、售电量、购电量等指标，针对在此选取发电量指标作为电力市场参考指标，具体如表 5-8 所示。

表 5 - 7　第三产业收集指标

所属行业	指　标　名　称	数据来源	发布时间
第三产业	房地产施工面积/万 m^2	中经网统计数据库	2019 年 11 月
	房地产新开工施工面积/万 m^2		
	房地产竣工面积/万 m^2		
	商品住宅施工面积/万 m^2		
	商品住宅新开工施工面积/万 m^2		
	商品住宅竣工面积/万 m^2		
	商业营业用房施工面积/万 m^2		
	商业营业用房新开工施工面积/万 m^2		
	商业营业用房竣工面积/万 m^2		
	公路客运量/万人次		
	水路客运量/万人次		
	公路旅客周转量/万人次		
	水路旅客周转量/万人次		
	公路货运量/万 t		
	水路货运量/万 t		
	公路货物周转量/万 t		
	水路货物周转量/万 t		
	上海消费品零售总额/亿元	国家统计局	2019 年 10 月
	全国消费品零售总额/亿元		
	科学研究和技术服务业营业收入/亿元	上海市统计局	2019 年 10 月

续 表

所属行业	指 标 名 称	数据来源	发布时间
第三产业	水利、环境和公共设施管理业营业收入/亿元	上海市统计局	2019 年 10 月
	居民服务、修理和其他服务业营业收入/亿元		
	教育营业收入/亿元		
	文化、体育和娱乐营业收入/亿元		
	卫生和社会工作营业收入/亿元		

注：第三产业相关指标来源于国家统计局、上海市统计局及中经网统计数据库，发布时间为 2019 年 10 月和 11 月，指标数据为 2014 年 1 月至 2019 年 9 月的月度数据。

表 5－8　电力行业收集指标

所属行业	指 标 名 称	数据来源	发布时间
电力及热力生产	发电量/(亿 kW・h)	国家统计局	2019 年 10 月
	电力、热力生产和供应业产值/亿元	上海市统计局	

注：指标数据为 2014 年 1 月至 2019 年 9 月的月度数据。

5.2.1.2　指标 K－L 信息量法筛选

传统 K－L 信息量法会出现最小 K－L 信息量不稳定、K－L 信息量容易出现负值等问题，本书修正了传统的计算方法，首先将评价指标移动 $\pm n$ 期，然后再进行标准化，这样避免了原算法的缺陷所导致的问题。K－L 信息量法计算结果如表 5－9 所示。

表 5－9　K－L 信息量法计算结果

所属行业	指 标 名 称	信息量计算	先行月数	指标类型
黑色金属冶炼及压延加工	精品钢材制造业产值/亿元	60.92	—10	
	黑色金属冶炼和压延加工业产值/亿元	59.16	—9	

续 表

所属行业	指 标 名 称	信息量计算	先行月数	指标类型
黑色金属冶炼及压延加工	上海粗钢产量/万t	39.92	10	先行
	全国粗钢产量/万t	10.27	−10	滞后
	上海生铁产量/万t	53.42	10	
	全国生铁产量/万t	6.97	−10	滞后
	上海成品钢材产量/万t	47.19	10	先行
	全国成品钢材产量/万t	14.78	10	先行
	上海焦炭产量/万t	4.68	8	先行
	全国焦炭产量/万t	28.59	−10	滞后
化工行业	化学原料和化学制品制造业产值/亿元	42.20	−8	滞后
	上海原油产量/万t	1 271.29	−1	
	全国原油产量/万t	41.15	10	先行
	上海天然气产量/亿 m^3	483.62	10	
	上海石油沥青产量/万t	217.53	10	
	全国石油沥青产量/万t	56.05	10	
	上海汽油产量/万t	34.32	−1	一致
	全国汽油产量/万t	7.26	−7	滞后
	上海化学纤维产量/万t	44.00	10	先行
	上海乙烯产量/万t	69.70	10	
	全国乙烯产量/万t	8.62	5	先行
	上海塑料制品产量/万t	47.34	10	先行
	全国初级形态塑料产量/万t	9.78	−8	滞后

续　表

所属行业	指 标 名 称	信息量计算	先行月数	指标类型
化工行业	上海硫酸产量/万t	45.49	10	先行
	上海烧碱产量/万t	16.86	−7	滞后
	全国煤油产量/万t	39.41	−10	滞后
	上海煤油产量/万t	65.20	7	
	全国液化石油气产量/万t	32.32	−10	滞后
	上海液化石油气产量/万t	17.67	7	先行
	全国煤气产量/亿 m^3	166.37	10	
	上海煤气产量/亿 m^3	46.71	10	先行
计算机通信及电子制品	计算机、通信和其他电子设备制造业产值/亿元	46.53	−10	滞后
	电子信息产品制造业产值/亿元	36.67	10	先行
	上海微型计算机产量/万台	1 287.20	10	
	全国微型计算机产量/万台	28.74	−10	滞后
	上海集成电路产量/万块	11.14	10	先行
	全国集成电路产量/亿块	112.21	10	
	上海电工仪器仪表产量/万台	301.70	10	
	全国电工仪器仪表产量/万台	80.41	10	
	上海移动通信手持机产量/万台	214.25	10	
	全国移动通信手持机产量/万台	41.47	10	先行

续　表

所属行业	指 标 名 称	信息量计算	先行月数	指标类型
金属制品业	上海汽车产量/万辆	26.20	−2	一致
	全国汽车产量/万辆	14.53	9	
	上海发电设备产量/万 t	304.79	6	
	全国发电设备产量/万 t	125.60	10	
	上海交流电动机产量/万 kW	19.95	−10	滞后
	全国交流电动机产量/万 kW	22.30	10	先行
	汽车制造业产值/亿元	73.19	0	
	电气机械和器材制造业产值/亿元	23.79	8	先行
第三产业	房地产施工面积/万 m^2	5.72	10	先行
	房地产新开工施工面积/万 m^2	27.52	10	先行
	房地产竣工面积/万 m^2	114.61	−10	
	商品住宅施工面积/万 m^2	28.54	10	先行
	商品住宅新开工施工面积/万 m^2	24.54	−10	滞后
	商品住宅竣工面积/万 m^2	51.94	5	
	商业营业用房施工面积/万 m^2	14.66	6	先行
	商业营业用房新开工施工面积/万 m^2	3 000.44	9	
	商业营业用房竣工面积/万 m^2	1 013.60	10	
	公路客运量/万人次	56.74	10	
	水路客运量/万人次	11.14	6	先行

续 表

所属行业	指 标 名 称	信息量计算	先行月数	指标类型
第三产业	公路旅客周转量/万人次	51.91	10	
	水路旅客周转量/万人次	67.97	—10	
	公路货运量/万t	24.13	—10	滞后
	水路货运量/万t	54.49	—10	
	公路货物周转量/万t	9.97	10	先行
	水路货物周转量/万t	103.08	—10	
	上海消费品零售总额/亿元	23.03	—10	滞后
	全国消费品零售总额/亿元	26.62	—10	滞后
民生行业	燃气生产和供应业产值/亿元	84.84	—10	
	水的生产和供应业产值/亿元	28.63	6	先行
	上海进出口商品总额/亿元	308.81	—10	
	上海家用洗衣机产量/万台	67.97	—10	
	上海家用空气调节器产量/万台	32.05	—10	滞后
	上海彩色电视机产量/万台	70.58	—10	
	上海饮料产量/万t	32.68	10	先行
工业宏观指标	规模以上工业总产值合计产值/亿元	24.94	—10	滞后
	上海工业总产值/亿元	19.91	0	一致
	大型工业产值/亿元	27.20	0	一致
	规模以上工业出口交货值产值/亿元	29.68	10	先行

续 表

所属行业	指 标 名 称	信息量计算	先行月数	指标类型
电力及热力生产	发电量/(亿 kW·h)	45.04	0	一致
	电力、热力生产和供应业产值/亿元	17.06	0	一致

注：标注“先行”的指标为满足 K-L 信息量要求的先行指标；标注“滞后”的指标为满足 K-L 信息量要求的滞后指标；标注“一致”的指标为满足 K-L 信息量要求的一致指标。其他指标为不满足 K-L 信息量要求的指标。

根据计算结果，分析如下。

1）民生类指标

上海饮料产量的 K-L 信息量计算结果显示其先行于上海用电量指标，暂选定为先行指标。从表 5-9 可知，上海消费品零售总额、上海家用空气调节器产量的 K-L 信息量计算结果显示其滞后于上海用电量指标；上海进出口商品总额、上海家用洗衣机产量、上海彩色电视机产量，其 K-L 信息量计算结果不满足要求。

2）工业宏观指标

上海工业总产值、大型工业产值的 K-L 信息量计算结果显示其与上海用电量一致，暂选定为一致指标。规模以上工业出口交货值产值的 K-L 信息量计算结果显示其先行于上海用电量指标，暂选定为先行指标；规模以上工业总产值合计产值的 K-L 信息量计算结果显示其滞后于上海用电量指标，暂选定为滞后指标。

3）黑色金属冶炼及压延加工业指标

上海粗钢产量、上海成品钢材产量、全国成品钢材产量等指标超前于上海用电量，根据前述计算数据处理规则，满足先行指标要求，暂定为先行指标；全国粗钢产量、全国生铁产量、全国焦炭产量等指标滞后于上海用电量，根据前述计算数据处理规则，暂定为滞后指标；上海生铁产量其 K-L 信息量值不满足要求，故排除。

4）化学原料及化学制品制造业指标

上海原油产量、上海天然气产量、上海石油沥青产量、全国石油沥青产量当期值、上海乙烯产量、上海煤油产量当期值、全国煤气产量当期值等指标的K－L信息量计算结果不满足要求，故排除；上海汽油产量指标的K－L信息量计算结果与用电量指标基本保持一致，因此选定为一致指标；全国原油产量、上海化学纤维产量、全国乙烯产量、上海塑料制品产量、上海硫酸产量、上海液化石油气产量当期值、上海煤气产量当期值等指标的K－L信息量计算结果满足要求且先行于上海用电量，暂选定为先行指标；全国汽油产量、全国初级形态塑料产量当期值、上海烧碱产量、全国煤油产量当期值、全国液化石油气产量当期值等指标的K－L信息量计算结果显示其滞后于上海用电量，暂选定为滞后指标。

5）计算机、通信及其他电子设备制造业指标

上海微型计算机产量、全国集成电路产量、上海电工仪器仪表产量、上海移动通信手持机产量、全国电工仪器仪表产量等指标不满足要求，故排除；上海集成电路产量、全国移动通信手持机产量等指标先行于上海用电量，且满足K－L信息量要求，暂选定为先行指标；全国微型计算机产量满足K－L信息量计算结果要求，且显示该指标滞后于上海用电量，暂选定为滞后指标。

6）金属制品业指标

全国交流电动机产量、电气机械和器材制造业产值指标满足K－L信息量计算结果，且先行于上海用电量，暂选定为先行指标；上海汽车产量满足K－L信息量计算结果，且与上海用电量一致，暂选定为一致指标；上海民用钢制船舶产量、全国汽车产量、上海发电设备产量、上海金属切削机床产量、上海金属冶炼设备产量、上海水泥专用设备不满足K－L信息量计算结果要求，故排除；上海交流电动机产量满足K－L信息量计算结果要求，且滞后于上海用电量，暂选定为滞后指标。

7）第三产业指标

从超前月份来看，房地产施工面积累计值、房地产新开工施工面积累计值、商品住宅施工面积累计值、商业营业用房施工面积累计值、水路客运量当期值、公路货物周转量当期值满足K－L信息量计算结果要求，且先行于上海用电量，暂选定为先行指标；商品住宅新开工施工面积累计值、公路货

运量当期值满足 K－L 信息量计算结果要求，且滞后于上海用电量，暂选定为滞后指标；房地产竣工面积累计值、商品住宅竣工面积累计值、商业营业用房新开工施工面积累计值、商业营业用房竣工面积累计值、公路客运量当期值、公路旅客周转量当期值、水路旅客周转量当期值、水路货运量当期值、水路货物周转量当期值等指标的 K－L 信息量计算结果不满足要求，故排除。

8）电力市场指标

发电量指标 K－L 信息量计算结果显示其与上海用电量指标保持一致，暂选取为一致指标。

以上 8 点从经济学角度，结合电力需求特点分析了选出的部分影响电力市场的景气指标，并初步选定电力市场先行指标和一致指标，如表 5－10 所示。

表 5－10　指标分类

	序号	指　标　名　称	信息量计算	先行月数
先行指标	1	上海粗钢产量/万 t	39.92	10
	2	上海成品钢材产量/万 t	47.19	10
	3	全国成品钢材产量/万 t	14.78	10
	4	上海焦炭产量/万 t	4.68	8
	5	全国原油产量/万 t	41.15	10
	6	上海化学纤维产量/万 t	44.00	10
	7	全国乙烯产量/万 t	8.62	5
	8	上海塑料制品产量/万 t	47.34	10
	9	上海硫酸产量/万 t	45.49	10
	10	上海液化石油气产量/万 t	17.67	7
	11	上海煤气产量/亿 m^3	46.71	10

续 表

	序号	指 标 名 称	信息量计算	先行月数
先行指标	12	上海集成电路产量/万块	11.14	10
	13	全国移动通信手持机产量/万台	41.47	10
	14	全国汽车产量/万辆	14.53	9
	15	全国交流电动机产量/(万 kW・h)	22.30	10
	16	房地产施工面积/万 m^2	5.72	10
	17	房地产新开工施工面积/万 m^2	27.52	10
	18	商品住宅施工面积/万 m^2	28.54	10
	19	商业营业用房施工面积/万 m^2	14.66	6
	20	水路客运量/万人次	11.14	6
	21	公路货物周转量/万 t	9.97	10
	22	上海饮料产量/万 t	32.68	10
	23	电气机械和器材制造业产值/亿元	23.79	8
	24	水的生产和供应业产值/亿元	28.63	6
	25	电子信息产品制造业产值/亿元	36.67	10
一致指标	1	上海汽油产量/万 t	34.32	−1
	2	上海汽车产量/万辆	26.20	−2
	3	电力、热力生产和供应业产值/亿元	17.06	0
	4	上海工业总产值产值/亿元	19.91	0
	5	大型工业产值/亿元	27.20	0
	6	发电量/(亿 kW・h)	45.04	0

续　表

	序号	指　标　名　称	信息量计算	先行月数
滞后指标	1	全国汽油产量/万 t	7.26	−7
	2	全国初级形态塑料产量当期值/万 t	9.78	−8
	3	上海烧碱产量/万 t	16.86	−7
	4	上海交流电动机产量/(万 kW·h)	19.95	−10
	5	商品住宅新开工施工面积累计值/万 m^2	24.54	−10
	6	公路货运量/万 t	24.13	−10
	7	上海消费品零售总额/亿元	23.03	−10
	8	全国消费品零售总额/亿元	26.62	−10
	9	上海家用空气调节器产量/万台	32.05	−10
	10	规模以上工业总产值合计产值/亿元	24.94	−10
	11	化学原料和化学制品制造业产值/亿元	42.20	−8
	12	金属制品业产值/亿元	29.96	−10
	13	计算机、通信和其他电子设备制造业产值/亿元	46.53	−10
	14	石油化工及精细化工制造业产值/亿元	31.95	−7

5.2.1.3　指标峰谷对比法筛选

为进一步确定指标类型，本书采用定性的峰谷对比法直观验证上述指标是否体现出了良好的先行性或一致性。由于指标较多，选取部分指标进行如下说明。

1）粗钢产量

粗钢产量与上海用电量移动前后对比如图 5－1 所示，可以看到，对于粗钢产量来说，移动前与上海用电量趋势差异较大。移动后虽然拟合效果有了一定的改善，但从指标总体走势来看两条曲线的一致性仍较差，故排除。

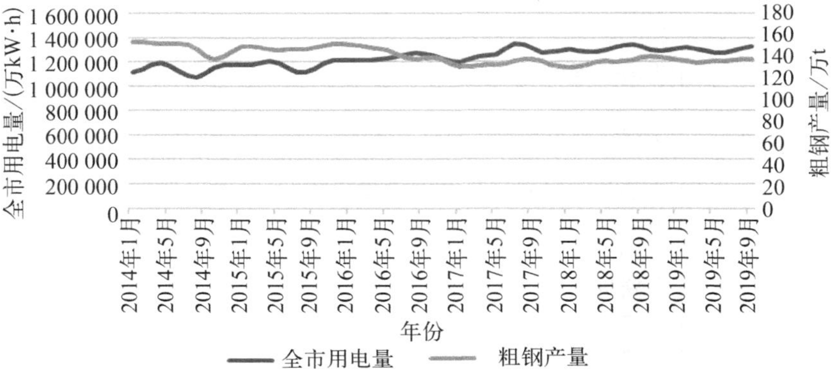

(a) 粗钢产量与全市用电量对比（移动前）

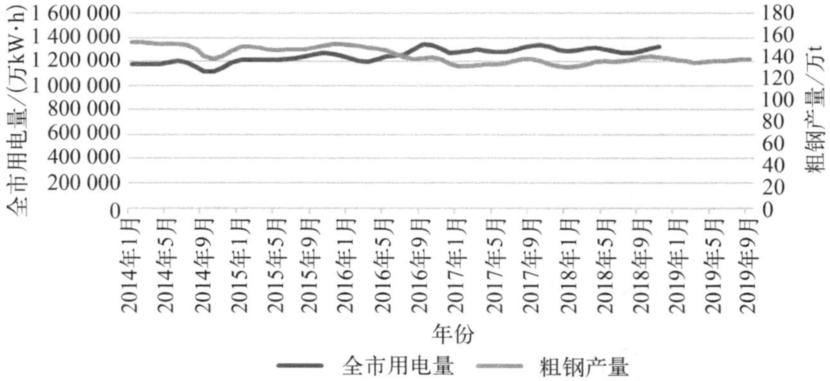

(b) 粗钢产量与全市用电量对比（移动后）

图 5－1　粗钢产量与上海用电量移动前后对比

2）集成电路产量

集成电路产量与上海用电量移动前后对比如图 5－2 所示，可以看到，移动前集成电路产量与上海用电量曲线的拟合效果相对较好，移动后两条曲线的一致性有了更好的提升。集成电路产量指标满足 K－L 信息量计算结果，暂定集成电路产量为先行指标。

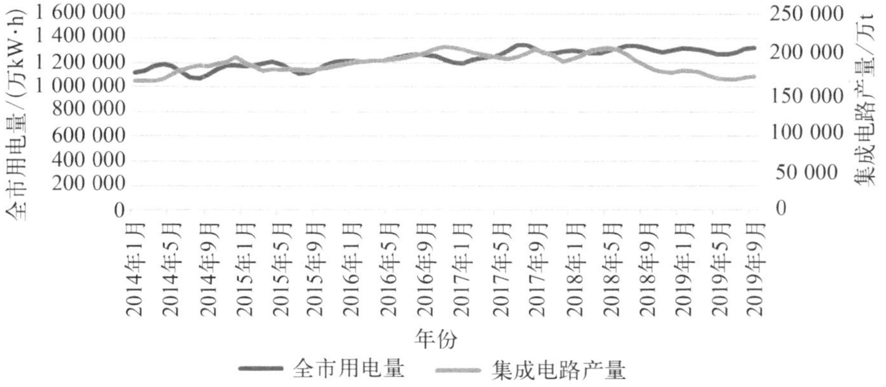

(a) 集成电路产量与全市用电量对比（移动前）

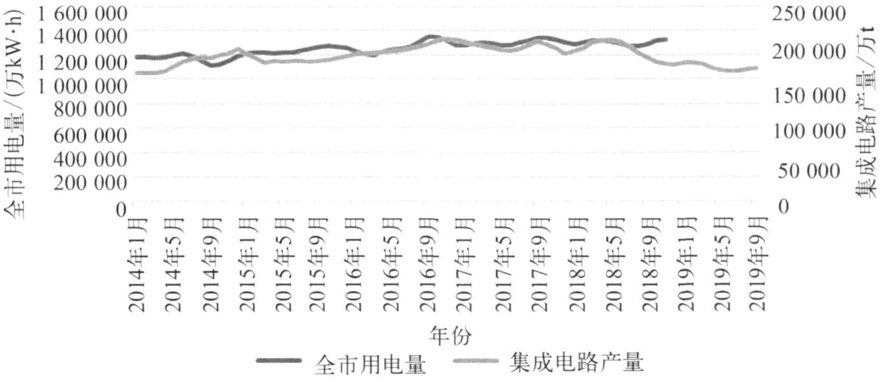

(b) 集成电路产量与全市用电量对比（移动后）

图 5－2　集成电路产量与上海用电量移动前后对比

3）化学纤维产量

化学纤维产量与上海用电量对比如图 5－3 所示，可以看到，移动前化学纤维产量曲线与上海用电量曲线的趋势差异较大，移动后两条曲线虽然波动趋势明显提升，但整体走势差异较大。虽然该指标满足 K－L 信息的要求，但由于走势差异较大，仍需排除。

4）塑料制品产量

关于塑料制品产量指标的 K－L 计算结果为 47.34，先行上海用电量 10 个月，满足先行指标要求。塑料制品产量与上海用电量移动前后对比如图 5－4 所示，可以看到，移动前后塑料制品产量与上海用电量趋势差异都

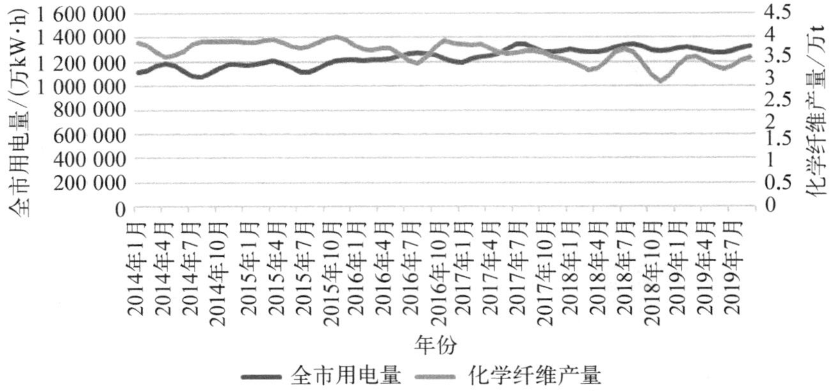

(a) 化学纤维产量与全市用电量对比（移动前）

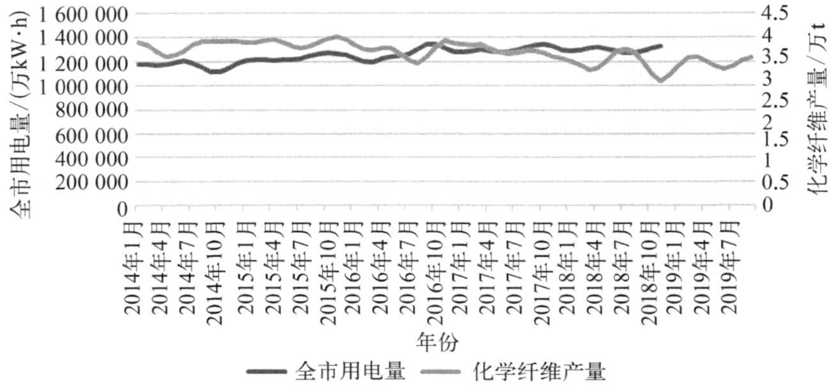

(b) 化学纤维产量与全市用电量对比（移动后）

图 5－3　化学纤维产量与上海用电量对比

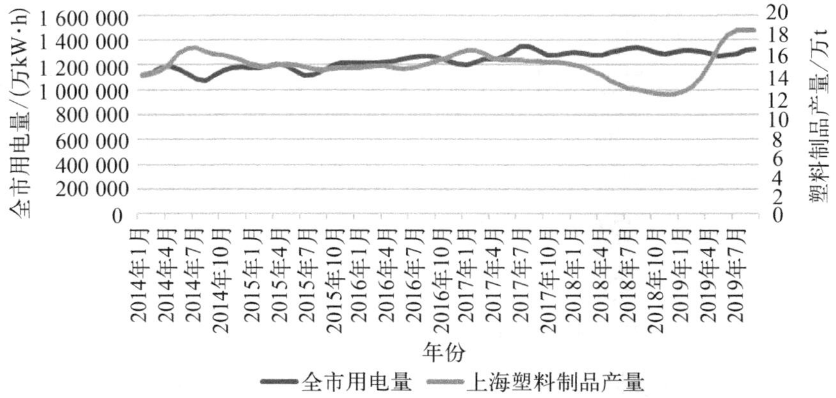

(a) 上海塑料制品产量与全市用电量对比（移动前）

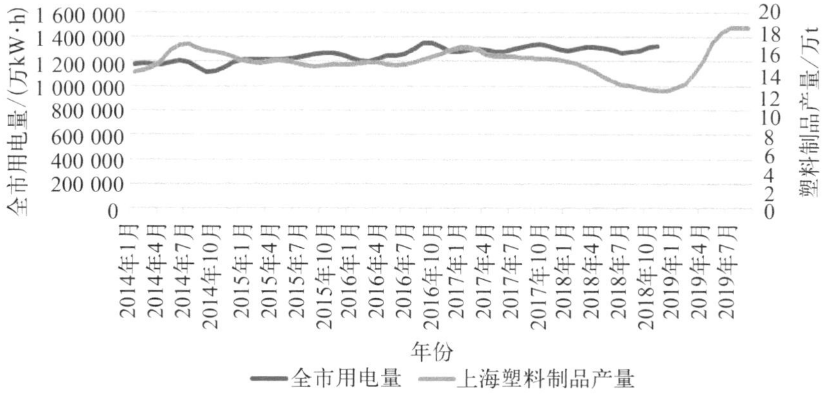

(b) 上海塑料制品产量与全市用电量对比（移动后）

图 5－4　塑料制品产量与上海用电量移动前后对比

较大，不能满足要求，故排除。

5）全国成品钢材

全国成品钢材产量与上海用电量移动前后对比如图 5－5 所示，可以看到，移动前后全国成品钢材产量曲线整体趋势与上海用电量趋势较一致，但全国成品钢材的循环波动趋势与上海用电量一致性较差，虽然 K－L 信息量计算结果满足要求，但仍不符合先行指标条件，故排除。

6）全国乙烯

全国乙烯与上海用电量移动前后对比如图 5－6 所示，可以看到，移动前全国乙烯与上海用电量的曲线波动差异性较大，移动后两条曲线的波动

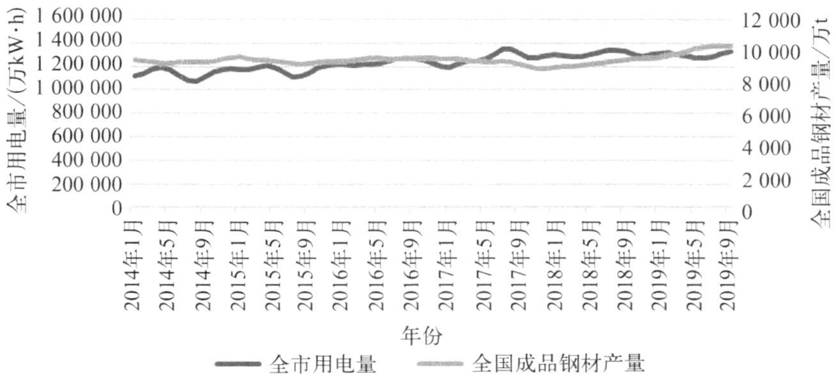

(a) 全国成品钢材产量与全市用电量对比（移动前）

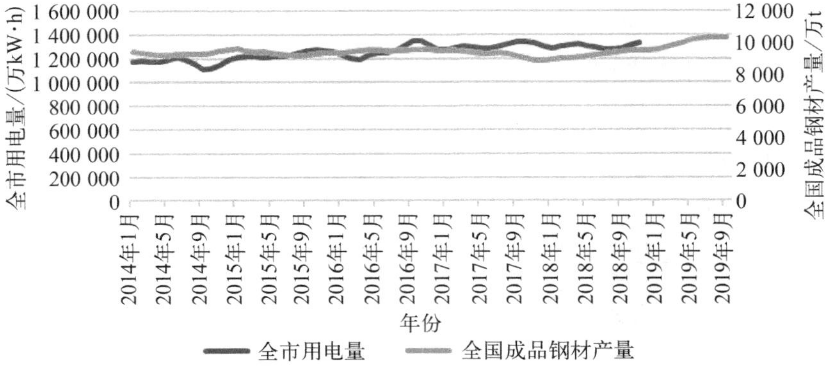

(b) 全国成品钢材产量与全市用电量对比（移动后）

图 5－5　全国成品钢材与上海用电量移动前后对比

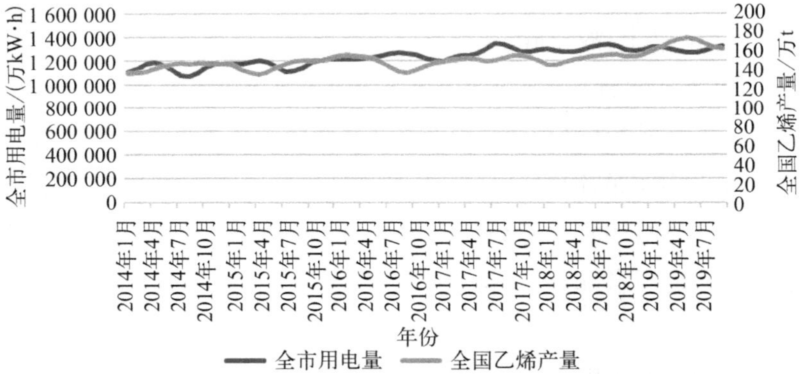

(a) 全国乙烯产量与全市用电量对比（移动前）

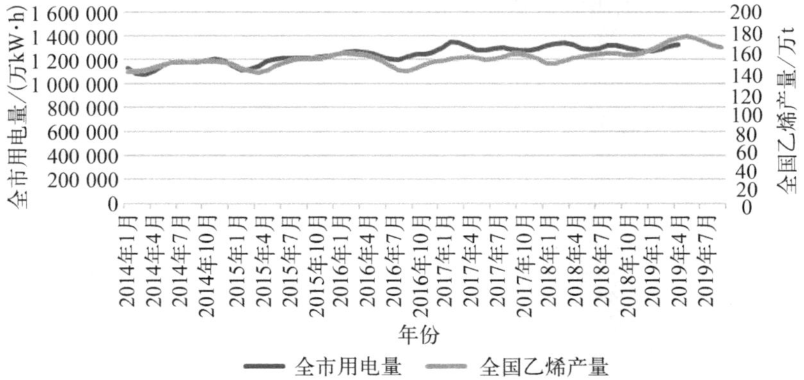

(b) 全国乙烯产量与全市用电量对比（移动后）

图 5－6　全国乙烯与上海用电量移动前后对比

一致性有了明显的提升。该指标的K-L信息量计算结果满足先行指标的要求，因此暂选定为一致指标。

7）房地产新开工施工面积

房地产新开工施工面积与上海用电量移动前后对比如图5-7所示，可以看到，移动前的房地产新开工施工面积与上海用电量并没有体现良好的一致性，且移动后效果两条曲线的波动趋势差异仍较大，故排除。

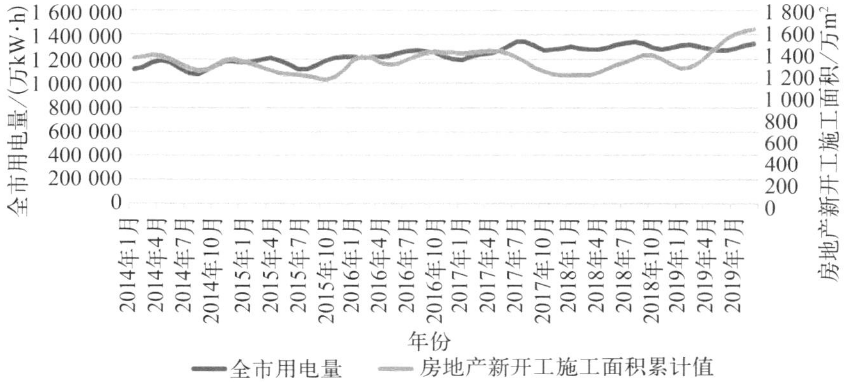

(a) 房地产新开工施工面积与全市用电量对比（移动前）

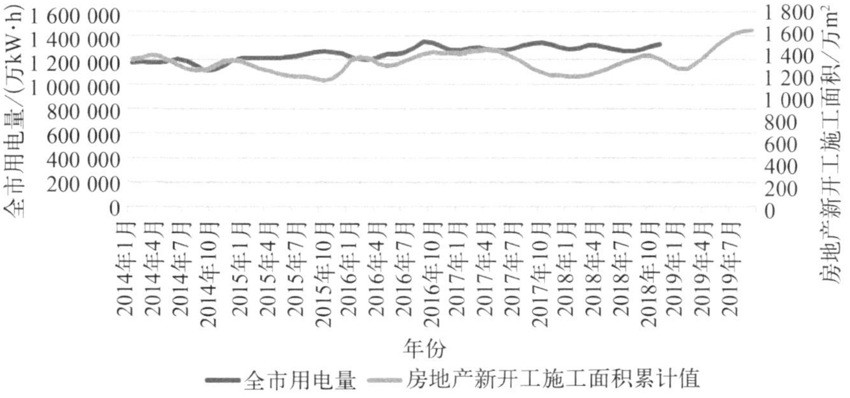

(b) 房地产新开工施工面积与全市用电量对比（移动后）

图5-7　房地产新开工施工面积与上海用电量移动前后对比

8）水路客运量

水路客运量与上海用电量移动前后对比如图5-8所示，可以看到，移动前水路客运量与上海用电量曲线虽整体趋势一致，但曲线波动趋势差异

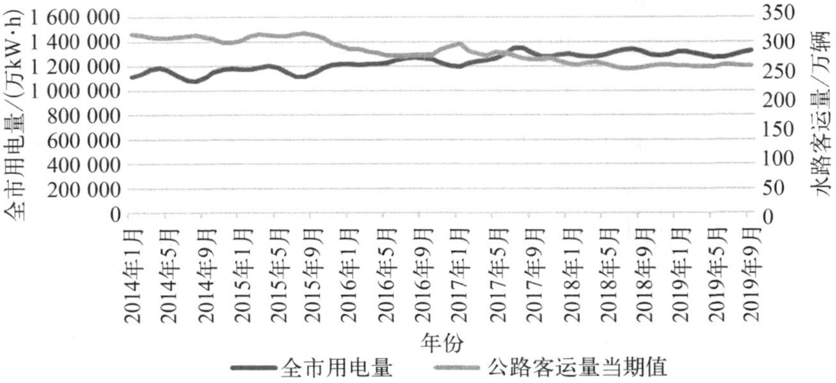

(a) 水路客运量与全社会用电量对比（移动前）

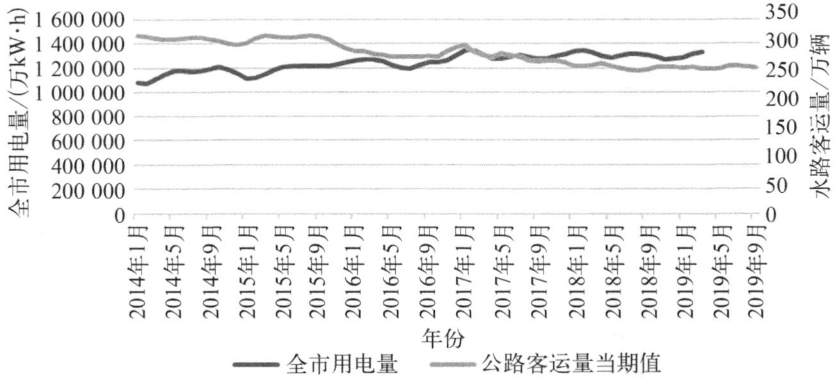

(b) 水路客运量与全社会用电量对比（移动后）

图 5-8 水路客运量与上海用电量移动前后对比

较大；移动后，两条曲线的波动趋势同步性仍然较差，故排除。

9）公路货物周转量

公路货物周转量与上海用电量移动前后对比如图 5-9 所示，可以看到，公路货物周转量与上海用电量两条曲线在移动前后的波动趋势差异都很大，故排除。

10）饮料产量

饮料产量与上海用电量对比如图 5-10 所示。饮料产量曲线与上海用电量曲线在移动前波动趋势存在较大差异，而移动后两条曲线波动趋势的一致性较好，且该指标满足 K-L 信息量计算要求，暂定为先行指标。

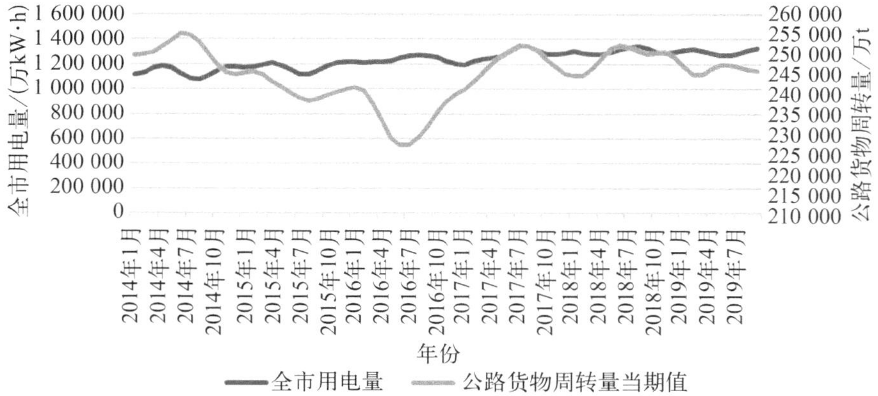

(a) 公路货物周转量与全市用电量对比（移动前）

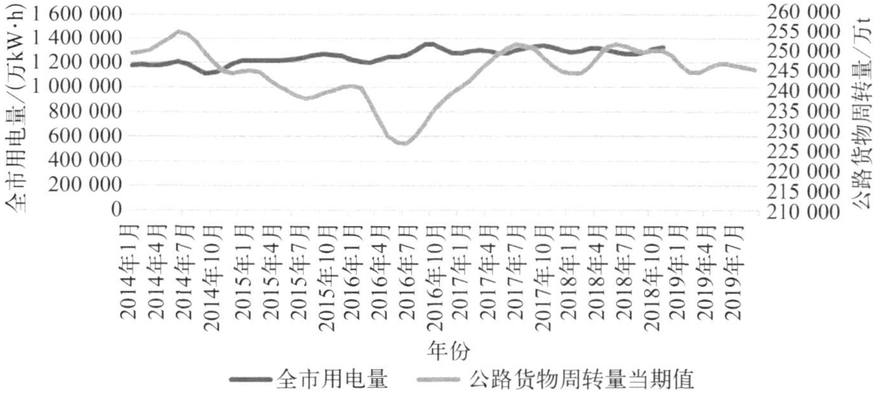

(b) 公路货物周转量与全市用电量对比（移动后）

图 5－9　公路货物周转量与上海用电量移动前后对比

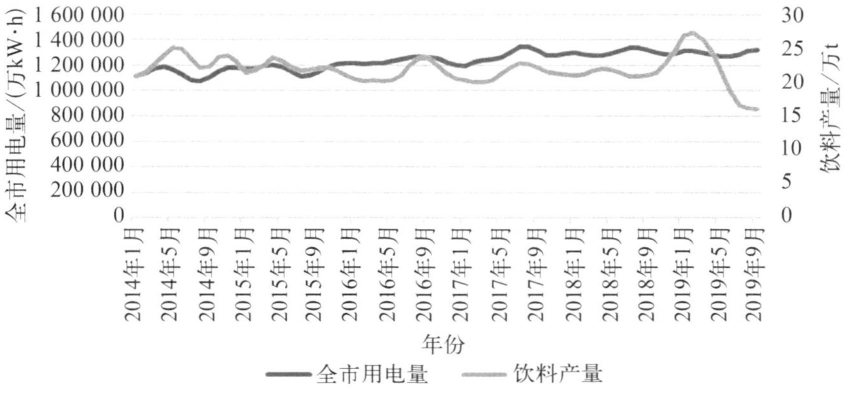

(a) 饮料产量与全市用电量对比（移动前）

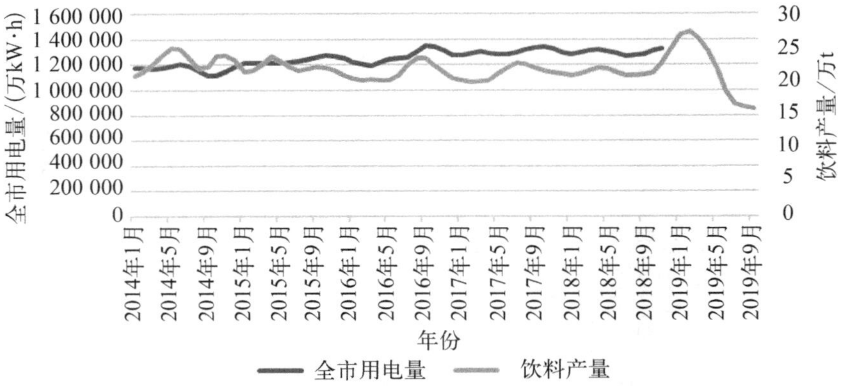

(b) 饮料产量与全市用电量对比（移动后）

图 5－10　饮料产量与上海用电量对比

11）电气机械和器材制造业产值

电气机械和器材制造业产值与上海用电量对比如图 5－11 所示。移动前电气机械和器材制造业产值与上海用电量曲线拟合效果一般，移动后两条曲线呈现较好的一致性。结合 K－L 信息量计算结果，将该指标暂定为先行指标。

12）规模以上工业总产值

规模以上工业总产值与上海用电量移动前后对比如图 5－12 所示。规模以上工业总产值曲线与上海用电量曲线在移动前的波动趋势有一定的差异，移动后两条曲线波动循环的一致性有明显提升，结合 K－L 信息量计算结果，暂定该指标为滞后指标。

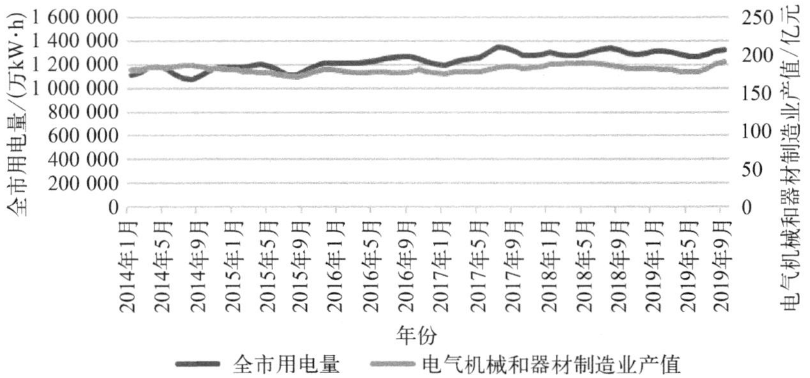

(a) 电气机械和器材制造业产值与全市用电量对比（移动前）

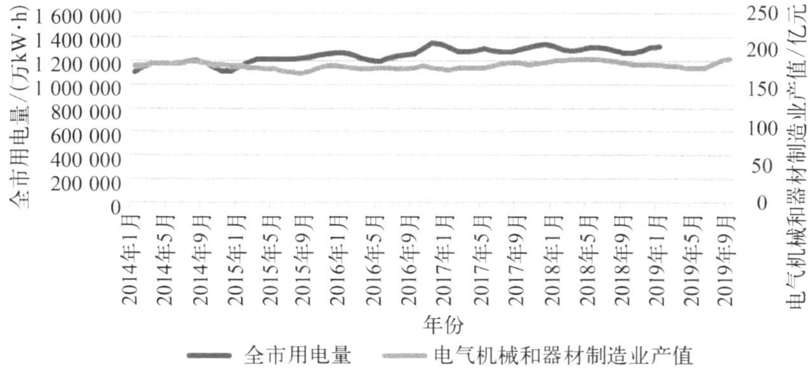

(b) 电气机械和器材制造业产值与全市用电量对比（移动后）

图5－11　电气机械和器材制造业产值与上海用电量对比

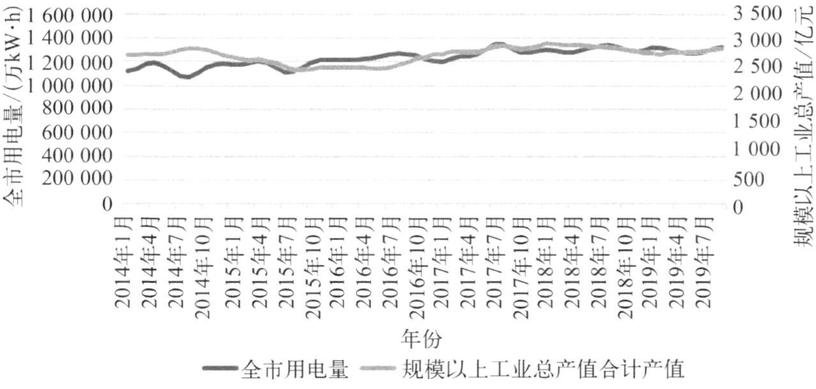

(a) 规模以上工业总产值与全市用电量对比（移动前）

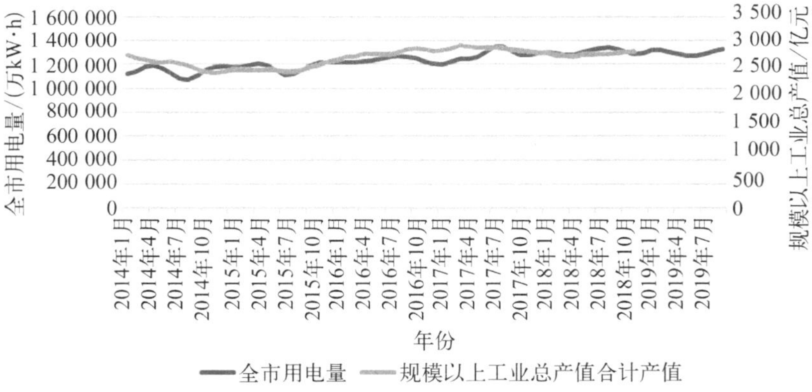

(b) 规模以上工业总产值与全市用电量对比（移动后）

图5－12　规模以上工业总产值与上海用电量移动前后对比

13）汽车产量

汽车产量与上海用电量移动前后对比如图 5－13 所示，可以看到，上海汽车产量与上海用电量趋势具有较高的一致性，且满足 K－L 信息量要求，故确定该指标为一致指标。

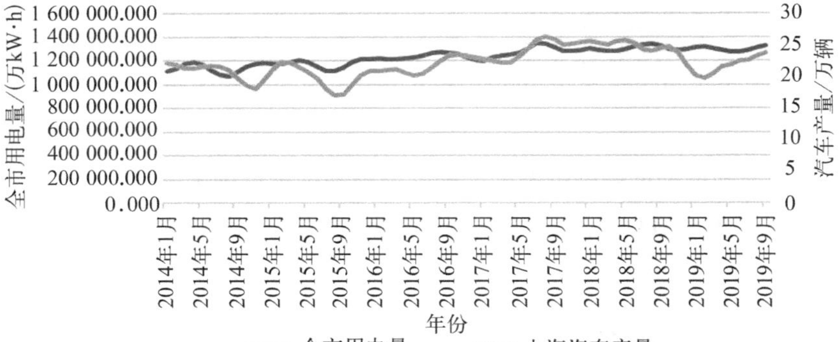

汽车产量与全市用电量对比图

图 5－13　汽车产量与上海用电量移动前后对比

14）营业商业用房施工面积

营业商业用房施工面积与上海用电量移动前后对比如图 5－14 所示，可以看到，移动前后营业商业用房施工面积与上海用电量的波动循环趋势一致性都不太高，虽满足 K－L 信息量要求，但仍需排除。

结合 K－L 信息量计算结果，以及峰谷对比法筛选结果，确定峰谷对比法排除指标，具体如表 5－11 所示。

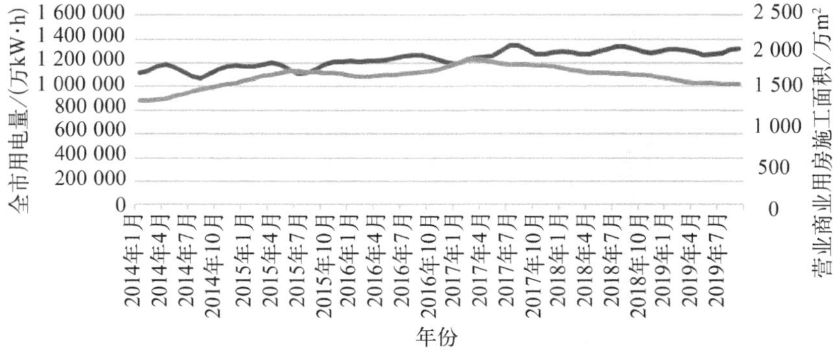

(a) 营业商业用房施工面积与全市用电量对比（移动前）

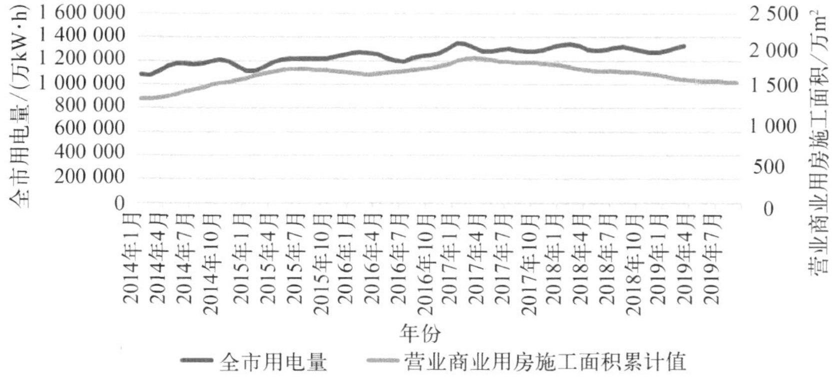

(b) 营业商业用房施工面积与全市用电量对比（移动后）

图 5－14　营业商业用房施工面积与上海用电量移动前后对比

表 5－11　峰谷对比法筛选指标结果

	序号	指　标　名　称	暂定指标	排除指标
先行指标	1	上海粗钢产量/万 t	√	
	2	上海成品钢材产量/万 t	√	
	3	全国成品钢材产量/万 t		√
	4	上海焦炭产量/万 t		√
	5	全国原油产量/万 t		√
	6	上海化学纤维产量/万 t	√	
	7	全国乙烯产量/万 t		√
	8	上海塑料制品产量/万 t		√
	9	上海硫酸产量/万 t		√
	10	上海液化石油气产量/万 t	√	
	11	上海煤气产量/亿 m^3	√	
	12	上海集成电路产量/万块	√	
	13	全国移动通信手持机产量/万台		√

续 表

	序号	指 标 名 称	暂定指标	排除指标
先行指标	14	全国汽车产量/万辆	√	
	15	全国交流电动机产量/万 kW	√	
	16	房地产施工面积/万 m^2	√	
	17	房地产新开工施工面积/万 m^2	√	
	18	商品住宅施工面积/万 m^2	√	
	19	商业营业用房施工面积/万 m^2	√	
	20	水路客运量/万人次	√	
	21	公路货物周转量/万 t		√
	22	上海饮料产量/万 t	√	
	25	电气机械和器材制造业产值/亿元	√	
	26	水的生产和供应业产值/亿元		√
	28	规模以上工业出口交货值产值/亿元		√
	29	电子信息产品制造业产值/亿元		√
一致指标	1	上海汽油产量/万 t	√	
	2	上海汽车产量/万辆	√	
	3	电力、热力生产和供应业产值/亿元	√	
	4	上海工业总产值/亿元	√	
	5	大型工业产值/亿元		√
	6	发电量/(亿 kW·h)	√	
滞后指数	1	全国汽油产量/万 t		√
	2	全国初级形态塑料产量/万 t		√

续　表

	序号	指　标　名　称	暂定指标	排除指标
滞后指数	3	上海烧碱产量/万 t		√
	4	上海交流电动机产量/万 kW	√	
	5	商品住宅新开工施工面积/万 m^2		√
	6	公路货运量/万 t	√	
	7	上海消费品零售总额/亿元	√	
	8	全国消费品零售总额/亿元		√
	9	上海家用空气调节器产量/万台		√
	10	规模以上工业总产值合计产值/亿元	√	
	11	化学原料和化学制品制造业产值/亿元	√	
	12	金属制品业产值/亿元	√	
	13	计算机、通信和其他电子设备制造业产值/亿元	√	

5.2.2　电力市场合成景气指数的构建

合成指数不仅能反映景气变动的方向，而且能反映景气循环的振幅，它对一个行业周期波动的监测具有重要意义，成为构造经济周期波动监测系统的基本方法之一。根据上面所选的一致和先行景气指标组，采用国际上通用的合成指数法，即美国商务部的计算方法，来构建反映上海电力市场周期波动的综合景气指数。

通过信息提取法，确定先行指标组、一致指标组各指标的权重，具体如表 5 - 12 所示。

表 5-12 综合景气指数权重构成

指标类型	指 标 名 称	信息量	权 重
先行指标	上海液化石油气产量/万 t	17.67	0.12
	上海煤气产量/万 t	46.71	0.05
	全国汽车产量/万辆	14.53	0.15
	电气机械和器材制造业产值/亿元	23.79	0.09
	上海集成电路产量/万块	11.14	0.20
	房地产施工面积/万 m^2	5.72	0.39
一致指标	上海汽油产量/万 t	34.32	0.15
	上海汽车产量/万 t	26.20	0.19
	电力、热力生产和供应业产值/亿元	17.06	0.30

合成指数选择 2014 年为基年，即以 2014 年指数的平均值为 100，时间跨度为 2014 年 1 月至 2019 年 9 月，并对其剔除随机因素，建立反映上海电力市场运行状况的合成景气指数。先行指数(leading indicator，L)与一致指数(coincident indicator，C)计算结果如表 5-13 所示。

表 5-13 先行与一致指数计算结果

时 间	先行指数	一致指数	时 间	先行指数	一致指数
2014 年 1 月	99.76	100.29	2014 年 7 月	99.59	99.70
2014 年 2 月	99.83	100.69	2014 年 8 月	99.49	99.56
2014 年 3 月	99.96	101.02	2014 年 9 月	99.76	99.15
2014 年 4 月	100.05	100.81	2014 年 10 月	100.24	99.13
2014 年 5 月	100.00	100.17	2014 年 11 月	100.68	99.57
2014 年 6 月	99.83	99.85	2014 年 12 月	100.57	100.23

续　表

时　间	先行指数	一致指数	时　间	先行指数	一致指数
2015 年 1 月	100.22	100.44	2016 年 10 月	100.45	100.13
2015 年 2 月	99.96	100.34	2016 年 11 月	100.44	99.70
2015 年 3 月	100.11	100.14	2016 年 12 月	100.52	99.28
2015 年 4 月	100.29	99.65	2017 年 1 月	100.55	99.81
2015 年 5 月	100.32	98.79	2017 年 2 月	100.43	100.24
2015 年 6 月	100.07	97.89	2017 年 3 月	99.94	100.47
2015 年 7 月	99.86	98.12	2017 年 4 月	99.53	100.43
2015 年 8 月	99.72	99.22	2017 年 5 月	99.37	100.93
2015 年 9 月	99.85	100.73	2017 年 6 月	99.62	101.52
2015 年 10 月	100.01	101.22	2017 年 7 月	99.89	101.22
2015 年 11 月	100.18	100.97	2017 年 8 月	99.97	100.24
2015 年 12 月	100.14	100.27	2017 年 9 月	99.60	99.30
2016 年 1 月	100.06	99.94	2017 年 10 月	99.07	99.50
2016 年 2 月	100.00	99.98	2017 年 11 月	98.56	99.95
2016 年 3 月	99.95	100.07	2017 年 12 月	98.36	100.23
2016 年 4 月	99.90	100.10	2018 年 1 月	98.39	99.69
2016 年 5 月	99.71	100.05	2018 年 2 月	98.56	99.29
2016 年 6 月	99.70	100.02	2018 年 3 月	98.84	99.22
2016 年 7 月	99.75	100.11	2018 年 4 月	99.12	99.70
2016 年 8 月	100.06	100.22	2018 年 5 月	99.35	100.01
2016 年 9 月	100.29	100.46	2018 年 6 月	99.39	100.20

续 表

时 间	先行指数	一致指数	时 间	先行指数	一致指数
2018 年 7 月	99.34	100.18	2019 年 3 月	99.50	99.63
2018 年 8 月	99.23	100.22	2019 年 4 月	99.59	99.43
2018 年 9 月	98.99	99.89	2019 年 5 月	99.84	99.58
2018 年 10 月	98.74	99.58	2019 年 6 月	100.13	99.49
2018 年 11 月	98.64	99.27	2019 年 7 月	100.23	99.97
2018 年 12 月	98.91	99.41	2019 年 8 月	100.16	100.10
2019 年 1 月	99.26	99.55	2019 年 9 月	100.08	100.36
2019 年 2 月	99.48	99.57			

根据各组指标的合成指数计算结果，分别绘制 2014 年 1 月至 2019 年 9 月的先行指标和一致指标指数趋势图，分别如图 5-15 和图 5-16 所示。

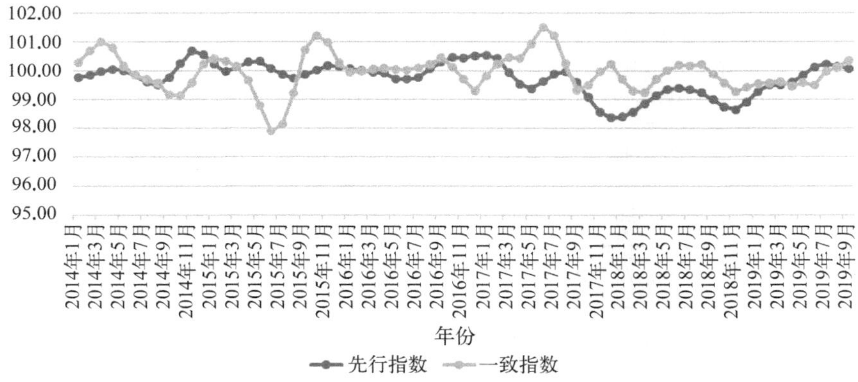

图 5-15 移动前上海电力市场综合先行、一致指数趋势

为准确定位先行指数与一致指数的关系，将计算得到的先行、一致指数用 K-L 信息量验证，得到结果如表 5-15 所示。

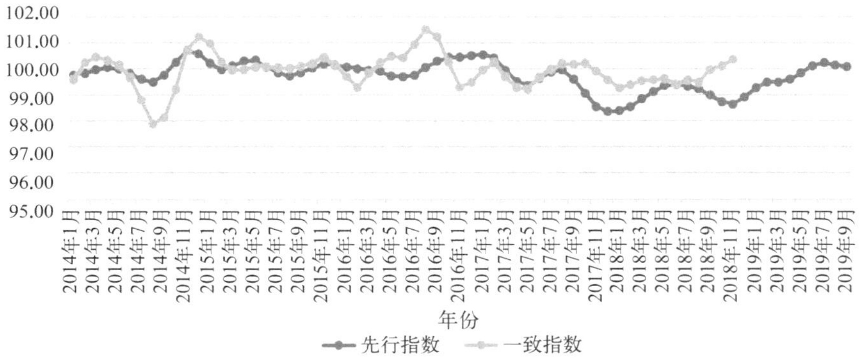

图 5-16　移动后上海电力市场综合先行、一致指数趋势

表 5-14　先行与一致指数 K-L 信息量

K-L 信息量	先行期数/月	K-L 信息量	先行期数/月
0.31	0	0.32	−1
0.32	1	0.32	−2
0.34	2	0.29	−3
0.38	3	0.28	−4
0.42	4	0.29	−5
0.46	5	0.32	−6
0.49	6	0.35	−7
0.50	7	0.34	−8
0.48	8	0.30	−9
0.44	9	0.25	−10
0.40	10		

由表 5-14 中 K-L 信息量计算结果得到，−10 月份对应的 K-L 信息量最小，因此，先行指数超前于一致指数 10 个月，其波动先行预测了一致指标的波动趋势。

5.2.3 电力市场指标体系的构建

结合K-L信息量的计算结果及峰谷对比法的辅助验证，以及景气指数模型的构建，第一产业忽略不述说，确定电力市场相关指标体系，如图5-17所示，其中包括先行、一致、滞后指标。

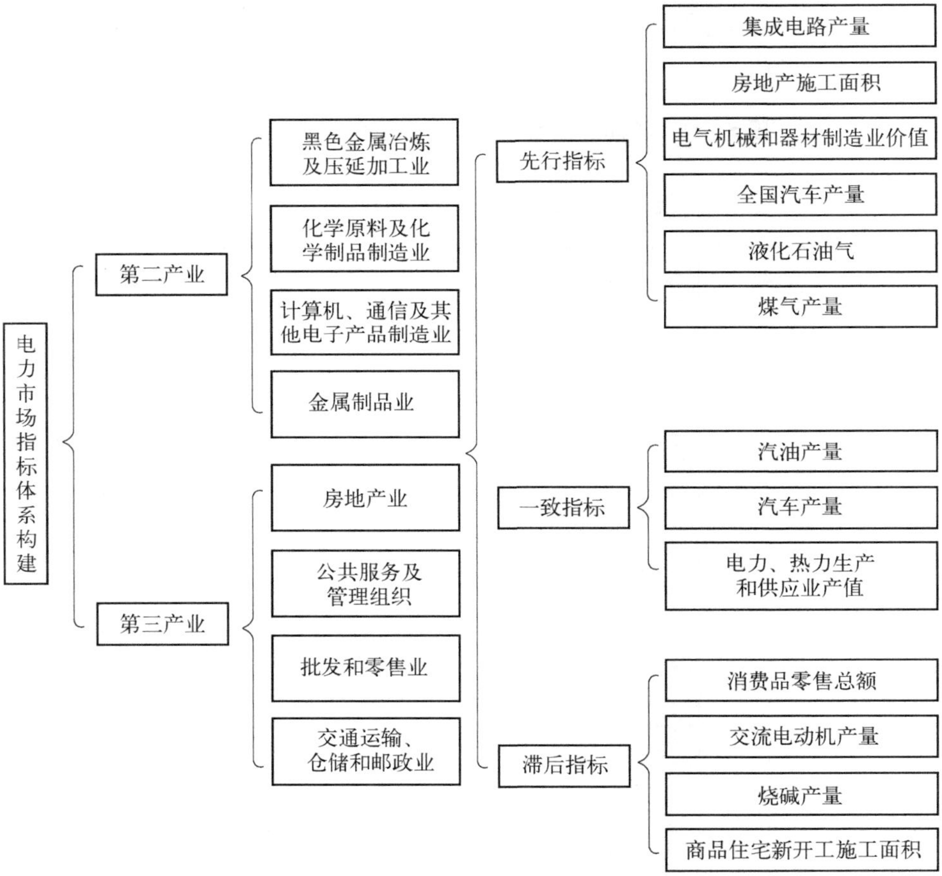

图5-17 电力市场指标体系构建

以先行指标及一致指标为数据基础分别构建先行指数和一致指数。测算先行指数相对于一致指数的先行周期，并将先行指数应用于电量预测模型中，可以实现通过经济及行业指标对电力市场未来波动情况进行先行预测的目的，以防范风险。同理，通过电力市场的波动情况预判其相关滞后指标未来的走势，实现通过从电力市场的发展变化监测相关经济及行业指标的目的。

5.2.4　上海用电量走势外推

5.2.4.1　研究方法概述

景气指数一般作为反映行业运行的定量指标，可以对整个行业的未来走势进行把握和估计。本章研究的电力行业景气指数主要以用电量为基准参考因素，综合考虑多种相关行业及其产业链的关联性。因此，针对现有研究成果，进一步探索对应结论性的电力景气指数反映未来用电量走势的可行性，一方面可使研究成果更加直观化；另一方面也可作为深入挖掘数据实用性的手段和方式，从理论到实例进行层层递进的分析和反馈，不断以具体要求为导向，紧密贴合实际情况做出判断和预估。

5.2.4.2　景气逆推模型研究

依照景气指数的研究流程和基本特性，以探索景气指标外推上海用电量走势范围为目标建立流程模型。

1）基本模型

由于景气指标中的先行指标超前于一致指标，因此作为模型的参量同上海用电量处理后的序列 Q_1（趋势循环序列）进行建模，得到线性拟合序列 Q_2：

$$Q_2 = A_1 L^3 + A_2 L^2 + A_3 L + D \tag{5-1}$$

此序列为依照先行指标的走势拟合的过程。其中，A_1、A_2、A_3 和 D 分别为拟合模型的参量。

2）逆推模型

在进行景气指标求取时，对上海用电量 Q 进行了季节因素调整，因此由景气指标逆推用电量时，同样需要考虑季节的影响。在处理季节因素的过程中，一般引入季节指数（seasonal index，SI）来测定季节要素。

$$SI = Q_1 / Q_2 \tag{5-2}$$

在得到 SI 之后，首先将 SI 进行年度平均得到 $SI_{1\text{-}12}$，然后可逆推 Q_3 的序列，即

$$Q_3 = Q_2 / SI_{1-12} \tag{5-3}$$

对于逆推后的拟合序列可采取多种校核方式进行误差分析，通过拟合效果较好的逆推序列，得到上海用电量走势外推的范围。

5.2.4.3　用电量序列走势外推

(1) 对上海用电量历史数据进行季节调整后计算季节因子。具体计算结果如表 5-15 所示。

表 5-15　季节因子计算结果

月　份	平均季节因子	最大季节因子	最小季节因子
1 月	0.89	0.90	0.88
2 月	1.14	1.16	1.13
3 月	1.03	1.03	1.03
4 月	1.18	1.19	1.17
5 月	1.12	1.12	1.11
6 月	1.05	1.05	1.04
7 月	0.79	0.82	0.76
8 月	0.79	0.81	0.75
9 月	1.01	1.01	1.01
10 月	1.15	1.15	1.14
11 月	1.13	1.14	1.12
12 月	0.94	0.94	0.93

(2) 确定先行指标超前于包含用电量指标在内的一致性指标 10 个月，因此将序列对应至该水平后进行线性拟合，可得 Q_2 序列：

$$Q_2 = 5.87 \times 10^4 x^3 - 1.75 \times 10^7 x^2 + 1.74 \times 10^9 \cdot x - 5.76 \times 10^{10} \tag{5-4}$$

最后，对拟合结果进行逆推序列处理，根据不同月份分别取得的逆推后的平均、最大、最小季节调整序列，还原出平均、最小、最大的上海用电量拟合数据，处理结果如表 5－16 和图 5－18 所示。

表 5－16　景气指数超前指标逆推电量走势结果

时　间	电量拟合值/(万 kW・h)	电量预测值/(万 kW・h)		
		平均值	最小值	最大值
2019 年 10 月	1 297 244	1 131 672	1 100 242	1 150 335
2019 年 11 月	1 273 483	1 127 594	1 084 936	1 174 956
2019 年 12 月	1 256 219	1 341 217	1 314 109	1 385 049
2020 年 1 月	1 255 239	1 383 496	1 296 976	1 458 383
2020 年 2 月	1 248 269	1 100 761	1 043 704	1 163 734
2020 年 3 月	1 233 457	1 196 789	1 165 666	1 216 399
2020 年 4 月	1 225 619	1 042 705	1 023 890	1 060 894
2020 年 5 月	1 226 418	1 099 790	1 061 904	1 129 139
2020 年 6 月	1 225 632	1 170 015	1 116 796	1 212 263
2020 年 7 月	1 226 007	1 527 748	1 475 420	1 624 514

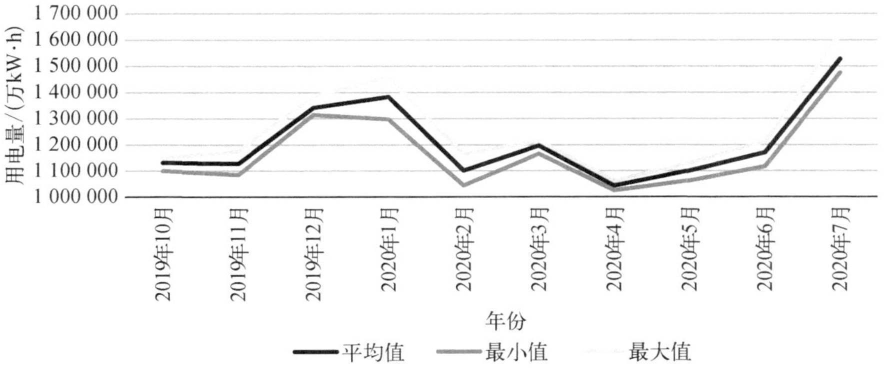

图 5－18　上海用电量逆推结果

推荐电量预测结果建议取平均值,最大值及最小值可参考作为预测结果的上下限。

5.2.4.4 预测结果分析

以 2019 年 1 月至 11 月数据为例,进行预测误差验证,结果如表 5－17 所示。

表 5－17 上海用电量 2019 年 1 月至 11 月预测结果分析

时 间	电量预测值/(万 kW・h)	电量实际值/(万 kW・h)	预测误差/%
2019 年 1 月	1 433 145	1 486 505	−3.59
2019 年 2 月	1 132 367	1 162 194	−2.57
2019 年 3 月	1 228 886	1 268 303	−3.11
2019 年 4 月	1 075 052	1 109 366	−3.09
2019 年 5 月	1 136 230	1 122 196	1.25
2019 年 6 月	1 217 937	1 222 080	−0.34
2019 年 7 月	1 610 507	1 547 770	4.05
2019 年 8 月	1 653 042	1 701 211	−2.83
2019 年 9 月	1 298 162	1 323 356	−1.90
2019 年 10 月	1 131 672	1 174 717	−3.66
2019 年 11 月	1 127 594	1 140 000	−1.09

5.3 小结

在全面分析上海电力发展情况后,对景气指数模型理论,以及指标处理方法进行了深入研究。基于电力市场相关指标,构建上海电力市场景气指数模型,从而实现对电力需求的预测,辅助国网上海市电力公司经济技术研究院为公司制定正确决策，调整公司的发展规划和电网布局。

1）上海电力市场发展状况及上海经济发展状况分析

深入透彻的电力市场分析已经成为电力公司适应市场经济要求，了解电力市场经营环境的必要环节。通过对上海电力市场分析挖掘，可以得到以下结论。

上海经济发展速度放缓并逐渐趋稳，产业发展相对均衡。2018年用电数据中第二产业用电量占比最大，在50%左右；第三产业发展速度快，且用电量占比为1/3左右。

上海电力市场重点行业为第二产业中的黑色金属冶炼及压延加工业，化学原料及化学制品制造业，计算机、通信和其他电子设备制造业，金属制品业等，以及第三产业中的房地产业，公共服务及管理组织，批发和零售业，交通运输业。

重点行业的发展变化情况会在较大程度上影响上海电力市场的变动情况，重点行业的确定为后续章节相关指标的收集奠定了基础。

2）上海电力市场景气指数模型的构建

上海用电量先行指标计算筛选结果如表5-18所示。

表5-18　上海用电量先行指标计算筛选结果

指标类型	指　标　名　称	先行月份
先行指标	上海液化石油气产量	7月
	上海煤气产量	10月
	全国汽车产量	9月
	电气机械和器材制造业产值	8月
	上海集成电路产量	10月
	房地产施工面积	10月

先行指数超前一致指数10个月。景气先行指数的变化，可以预测未来

电力市场发展变化的转折点，估计电力市场发生变化的幅度，推测电力市场发展的趋向，有助于电力工作人员提前了解市场目前存在的问题及今后的发展趋势，及时调整公司的发展规划。

3）上海用电量预测结果

确定上海用电量逆推模型，结合误差修正方法，得到最终的电量预测结果如表 5-19 和图 5-19 所示。

表 5-19　上海用电量 2019 年 9 月至 2020 年 7 月预测结果

时　间	电量预测值/(万 kW·h)		
	平均值	最小值	最大值
2019 年 10 月	1 131 672	1 100 242	1 150 335
2019 年 11 月	1 127 594	1 084 936	1 174 956
2019 年 12 月	1 341 217	1 314 109	1 385 049
2020 年 1 月	1 383 496	1 296 976	1 458 383
2020 年 2 月	1 100 761	1 043 704	1 163 734
2020 年 3 月	1 196 789	1 165 666	1 216 399
2020 年 4 月	1 042 705	1 023 890	1 060 894
2020 年 5 月	1 099 790	1 061 904	1 129 139
2020 年 6 月	1 170 015	1 116 796	1 212 263
2020 年 7 月	1 527 748	1 475 420	1 624 514

推荐电量预测结果取平均值，最大值及最小值可参考作为预测结果的上下限。

4）上海用电量预测结果分析

对上海用电量 2019 年 1 月至 11 月的数据进行测算，误差结果如表 5-20 所示。

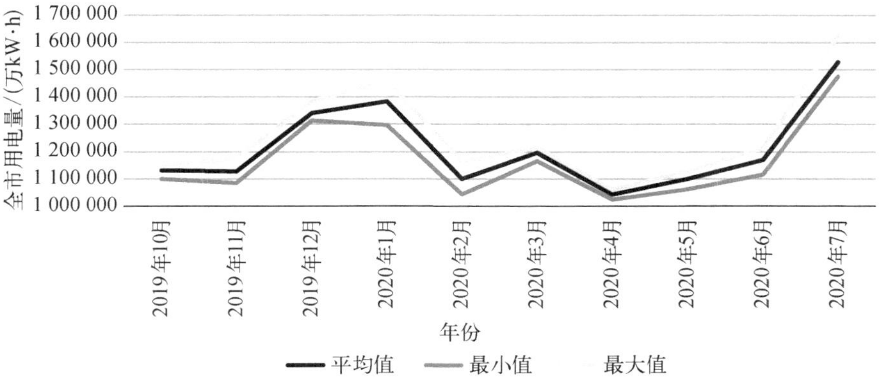

图 5－19　上海用电量 2019 年 9 月至 2020 年 7 月预测结果

表 5－20　上海用电量 2019 年 1 月至 11 月预测结果分析

时　间	电量预测值(平均值)/(万 kW・h)	电量实际值/(万 kW・h)	预测误差/%
2019 年 1 月	1 433 145	1 486 505	—3.59
2019 年 2 月	1 132 367	1 162 194	—2.57
2019 年 3 月	1 228 886	1 268 303	—3.11
2019 年 4 月	1 075 052	1 109 366	—3.09
2019 年 5 月	1 136 230	1 122 196	1.25
2019 年 6 月	1 217 937	1 222 080	—0.34
2019 年 7 月	1 610 507	1 547 770	4.05
2019 年 8 月	1 653 042	1 701 211	—2.83
2019 年 9 月	1 298 162	1 323 356	—1.90
2019 年 10 月	1 131 672	1 174 717	—3.66
2019 年 11 月	1 127 594	1 140 000	—1.09

对预测误差进行统计可知，2019 年上海用电量月度预测平均误差为 2.5%，年度预测误差为 1.49%。

第 6 章

上海电力需求特征分析及电力需求预测技术

6.1 上海经济和电力需求特征分析

伴随着国内外经济形势的变化，以及“双碳”目标的约束，上海产业结构在未来将会有较大变化。本章基于上海的产业经济数据和对应的用电量数据，针对转型背景下上海的经济发展与电力需求的特征进行描述和分析。

首先，围绕上海经济转型中产业结构的变化，对重点产业，以及各行政区域的经济特征进行统计分析，比较并发掘与以往特征间的共性及个性；其次，将经济特征和用电特征进行关联分析，发掘二者的关联特征；最后，对经济结构的短期变化进行预测，以及对长期情况进行分析，从而提前研判未来上海电力需求主要的增长点，为合理规划电网提供支撑。

6.1.1 上海经济形势分析

通过对上海市统计局官网上发布的月度数据、统计年鉴，以及相关统计手册上的数据进行汇总整理，得到上海在 2003—2022 年份产业的经济数据，并基于该数据对上海在转型背景下的经济发展趋势特征进行分析。

1）上海经济产业结构变化

进入 21 世纪以来，第一产业的占比由 2003 年的 1.49％下降到 2022 年的 0.22％，第二产业的占比由 50.09％下降到 25.66％，而第三产业的占比由 48.43%上升到 74.12%。第三产业所占比重逐年增大的趋势明显，整体经济结构正在悄然发生变化，同时第二产业中有关钢铁、石化等一批重污染大型企业的外迁离沪，更是加速了产业结构的优化，经济发展逐步实现从总量扩张到结构优化的转变。

上海三大产业增速变化趋势如图 6－1 所示。从上海经济总量及三大产业的增速变化趋势图中可以看出，上海的 GDP 增速正逐渐放缓，上海第三产业增速常年高于 GDP 增速，这表明经济增长的主要动力是第三产业。然而，在疫情爆发后，第二产业的经济增速要高于 GDP 和第三产业的，在面对突发的公共卫生事件时，工业作为经济"压舱石"的作用越发得到凸显。

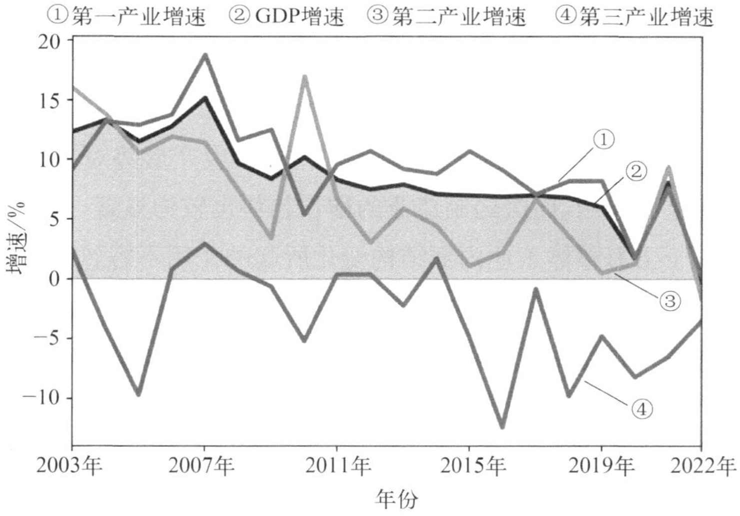

图 6－1　上海三大产业增速变化趋势

2）上海第二产业结构变化

为能更清楚地看到这些年来第二产业的内部结构是如何变化的，接下来根据 2004—2022 年上海重点工业行业产值占比的变化趋势，以期能够找到引领上海第二产业结构变化的行业。工业行业的细分行业众多，首先根据上海用电比重位居前列的工业行业，如黑色金属冶炼和压延加工业，化学原料和化学制品制造业，计算机、通信和其他电子设备制造业，并在此基础上增加了近些年上海政府比较关注的先导产业，如生物医药和新能源汽车，对应工业行业中的医药制造业和汽车制造业。接下来，将围绕这五个重点工业行业做相应分析。

这五个行业作为上海工业用电的重要组成部分和未来发展的动力源泉，总体占比一直稳定在工业总产值的50%左右，并呈现一定的波动趋势。这说明这些行业总体上与工业的变化趋势相同，即上海这五个行业的发展态势能够从一定程度上代表工业的走向。其中，用电比重位居前列的工业行业产值占比并无明显增长趋势，如黑色金属冶炼和压延加工业，计算机、通信和其他电子设备制造业的产值占比随着供给侧的深化结构性改革都出现了不同程度的缩减，而化学原料和化学制品制造业的产值占比一直表现较为稳定，也并未表现出明显的增长趋势；政府比较关注的先导工业行业产值占比却有着较为显著的增长趋势，汽车制造业的占比增长趋势最为显著，得益于完备的燃油车产业链和日趋成熟的新能源上下游配套产业链，汽车制造业已经成为上海工业中占比最大的产业，其生产形势对上海工业的发展能够起到重要作用，而医药制造业的增长趋势也较为显著，生物医药作为先导产业对于上海整体工业内部结构变化所起的作用不容忽视。

基于上述分析，从五个重点行业中选择汽车制造业和生物医药制造业，分析其增速变化趋势图。如图 6-2 所示，可以看到，汽车制造业和医药制

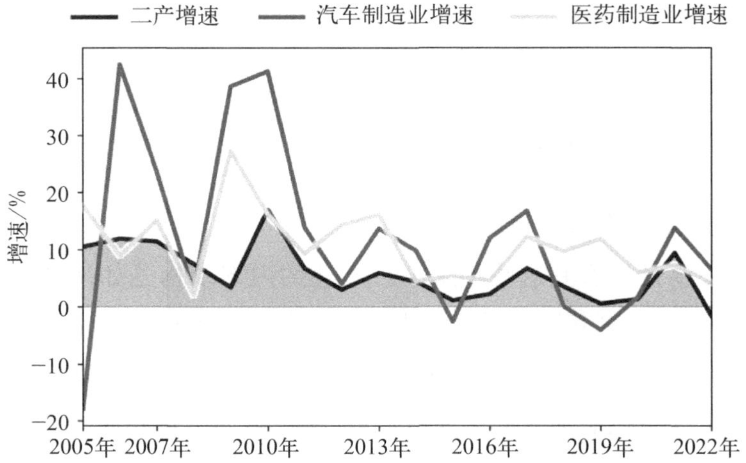

图 6-2　重点工业行业增速变化趋势

造业的工业产值增速一直是高于总体工业的产值增速，这也说明汽车制造业和医药制造业对第二产业经济发展的拉动作用明显，是上海经济结构转型的重要助推力量。

3）上海第三产业结构变化

基于 2003—2022 年上海第三产业中各行业占比的变化趋势，分析第三产业的内部结构是如何变化的。近些年，即使排除疫情的影响，上海的批发和零售业、交通运输仓储和邮政业，以及住宿和餐饮业在第三产业中的占比，也呈逐年缩减的发展态势。相反，信息传输、软件和信息技术服务业、金融业均有着不同程度的发展，在第三产业中的占比是逐年增加的，是推动上海第三产业发展的主要力量。

基于上述分析，从中选择信息传输、软件和信息技术服务业，以及金融业，并就产值增速的变化趋势作相应分析，如图 6 - 3 所示。可以看到，第三产业及重点行业呈逐年正增长的发展态势，而信息传输、软件和信息技术服务业及金融业的增速常年高于第三产业总体增速，引领力量显著，行业发展对经济结构转型的推动作用不容忽视。

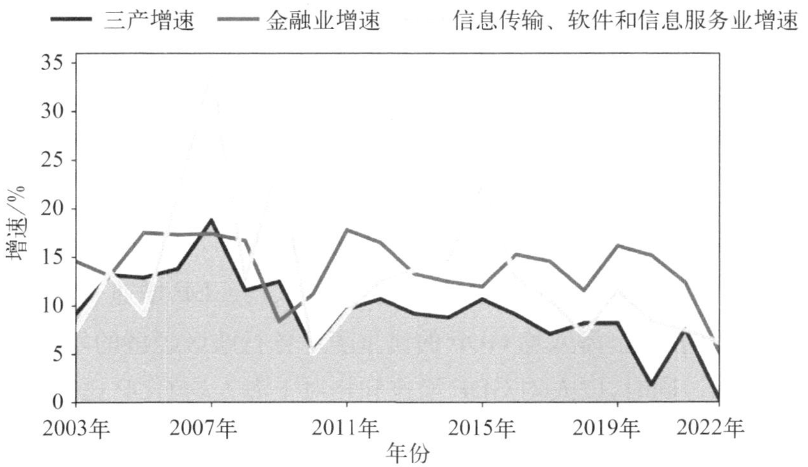

图 6 - 3　第三产业重点行业增速变化趋势

4）上海区域经济产业结构变化

基于上海各行政区 2011—2021 年的产业数据，根据各区第二产业和第三产业的增加值，构造得到二三产业结构比（二三产业结构比＝第二产值增加值/第三产值增加值）这一指标（虹口区 2011—2016 年的产业结构数据有缺失）。可以发现，疫情所致，不少行政区的二三产业结构比在 2020 年时有明显抬升，但各行政区的经济发展皆处于二三产业结构比不断缩小，并在近些年趋于平稳的阶段，总体下降趋势并未改变。由此，可以认为二三产业结构比不断缩减是上海经济转型发展的重要特征。

静安区 2015 年由于和闸北区“撤二建一”，其第二产业有了大幅跃升，故使其二三产业结构比也随之增加；长宁区 2019 年由于建筑业增加值比上年下降 11.7%，以致第二产业下降 7.3%，而第三产业同比增长 6.4%，并在当年占比达到全区生产总值的 97.4%，从而使得本区的二三产业结构比在当年急剧下滑；嘉定区 2017 年规上工业总产值同比增长 11.3%，增幅较上年提高 5.9%，且汽车制造业在当年实现同比增长 12.1%，故嘉定区的二三产业结构比在 2017 年有了一定的抬升。但是，二三产业结构比的下降态势并未改变，各个行政区经济结构转型的方向仍表现一致。上海各区二三产业结构比变化趋势如图 6－4 所示。

基于对上海各区二三产业结构比变化趋势的分析可以发现，有不少区的二三产业结构比较高，有的区较低，而第二产业相对用电需求较大，二三产业结构比也能从一定程度上说明各区的用电需求情况。接下来，按各区产业结构比的均值对上海各行政区进行划分，分析不同产业结构的行政区的经济发展情况。

本章选取 2016—2021 年的上海各区的经济数据，计算得到各区的人均 GDP 增速和相对上海人均 GDP 的比重，并以人均 GDP 增速表示各行政区经济的增速和相对上海人均 GDP 的比重表示各行政区经济的发展水平，如图 6－5 所示。同时，以人均 GDP 增速和相对上海人均 GDP 比重的中位数作为横轴坐标的分界线，将上海的 16 个行政区分割为四块区域（分别为经济增速低且经济发展差、经济增速低且经济发展好、经济增速快且经济发展差，以及经济增速快且经济发展好的区域）。由此可以看到，二三产业结构比较高的行政区处于上海各区经济增速和经济发展水平居中的位置，而二三产业结构比较低的行政区既有处于经济增速快和发展水平高的位置，也

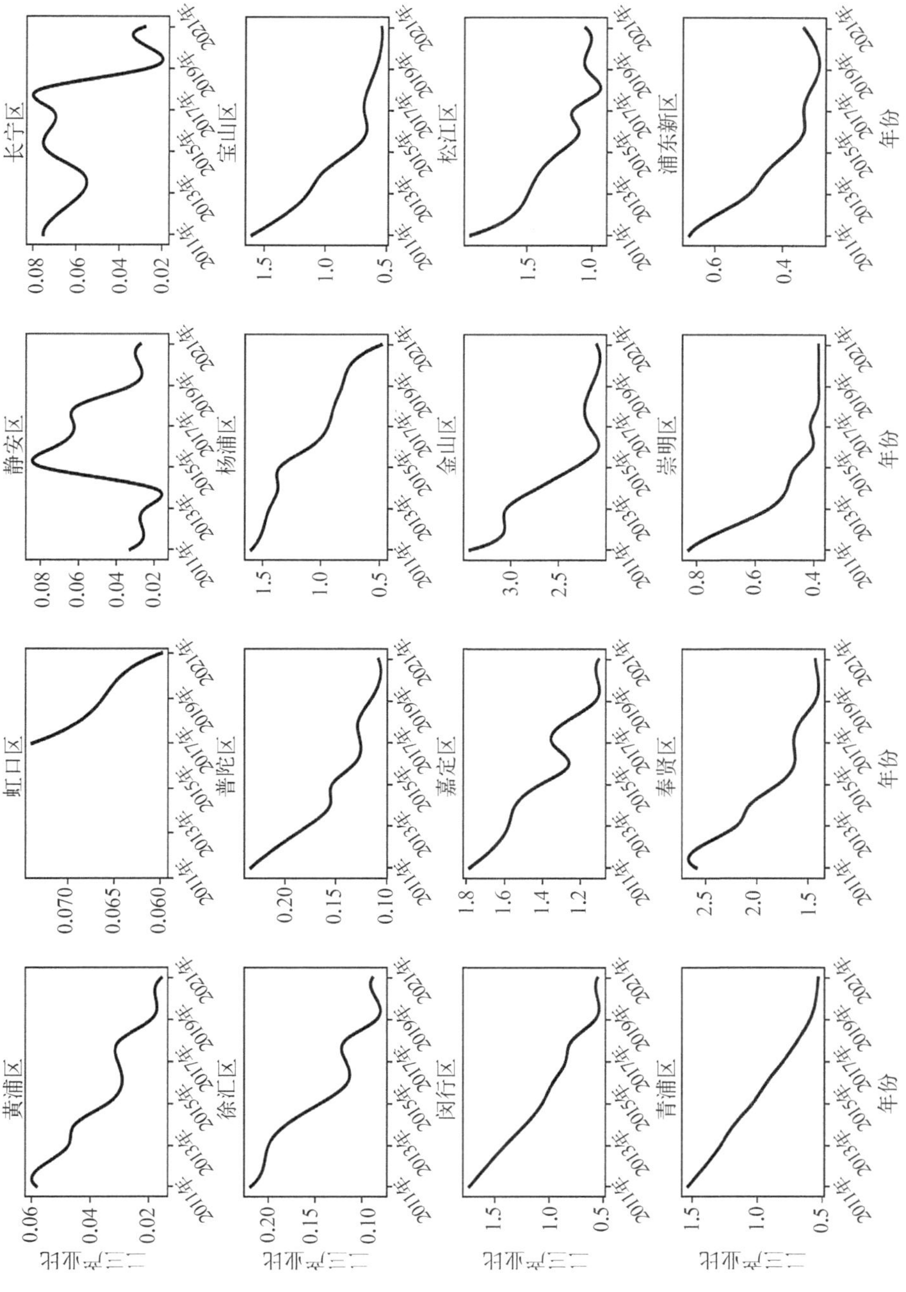

图 6-4 上海各区二三产业结构比变化趋势

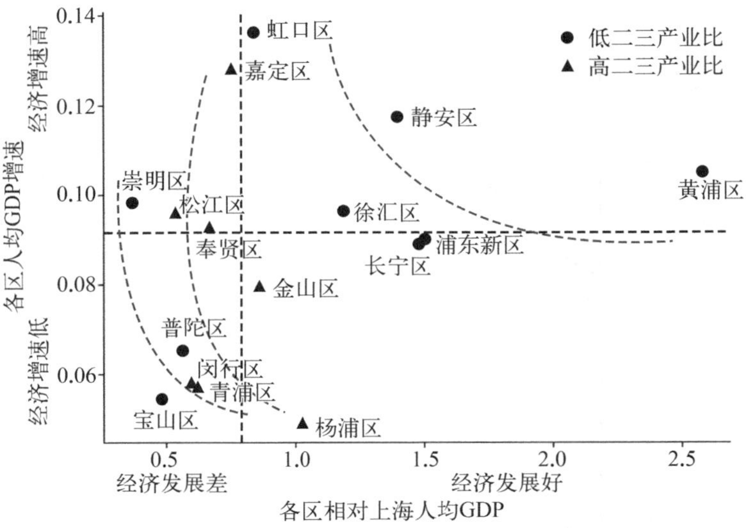

图 6-5 上海各区经济增速与经济发展水平

有处于经济增速低和发展水平低的位置。

有基于此，可以进一步将其联系到用电需求上，第二产业相对用电需求较大，借助二三产业结构比可以从一定程度上分析各区未来的用电需求情况。

结合各个行政区的经济发展趋势和产业结构来看，二三产业结构比低且经济发展水平和增速并不高的如崇明区、普陀区和宝山区，其中，崇明区和普陀区考虑其较低的二三产业结构比可能是因为第二产业的发展需要一定的资本积累和先发优势，而不如第三产业能够在短时间有较快的增长。当上海其他行政区的工业行业迅猛发展时，一定程度上挤压了这些区第二产业的发展空间，从而导致这些区的第二产业发展缓慢。未来崇明区和普陀区有可能会通过承接一部分经济增速快和发展水平高地区的工业以发展自身的第二产业，进而其二三产业结构比得到相应提高，用电需求也会增加，随之也将迈入增速和发展水平居中的阶段。对于二三产业结构比高的如杨浦区、闵行区、嘉定区、金山区、松江区、青浦区，以及奉贤区，其第三产业的发展势头不会减弱，随着经济社会的不断向前发展，用电需求会相应减小，并逐步迈向二三产业结构比高且经济增速高和发展水平高的阶段。

6.1.2 上海经济发展与用电需求关联分析

首先，基于上海2003—2021年的产业经济数据与用电数据，以分析经济发展与用电特征间的关联差异；其次，再针对各产业中的重点行业做相应分析，找到产业结构转型和用电需求变化的推动力量。

1）上海总体产业用电结构变化

不同于上海三大产业的增加值占比结构，第二产业的用电量占比一直是占据用电需要的主导地位。进入21世纪以来，随着传统工业升级换代和供给侧结构性改革，第三产业蓬勃发展成为经济转型的重要特征之一，这也相应地反映在产业结构的用电需求上，即第二产业的用电量占比一直呈现逐年下降的趋势。加之疫情的出现，第三产业用电量占比受疫情影响较第二产业更为明显，从而第二产业的用电量占比近年来有所增加。但是，疫情终将会过去，第二产业用电量占比下降的态势不会改变。

基于上述对上海总体产业用电结构变化的分析，就第二产业和第三产业在经济转型背景下的用电需求作深入分析，构造得到产值单耗这一变量，上海总产值、第二产业和第三产业产值单耗变化趋势如图6-6所示。可以发现，第三产业的产值单耗虽有下降趋势，但不如第二产业显著，由此

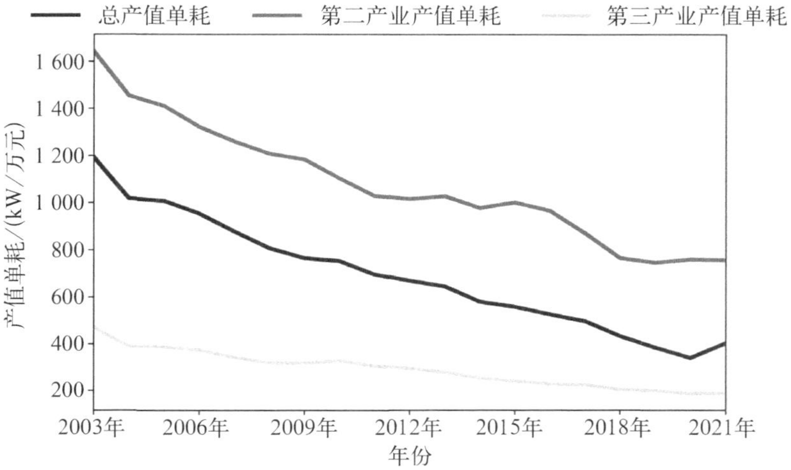

图6-6 上海总产值、第二产业、第三产业产值单耗变化趋势

认为总体产值单耗的下降趋势主要是由第二产业产值单耗的显著下降所主导的，而疫情后总产值单耗的抬升则可能是由于第二产业的用电量增加所致。

2）上海第二产业用电结构变化

为分析第二产业产值单耗的内部结构变化，依旧根据筛选得到的五个工业行业做相应分析，即黑色金属冶炼和压延加工业，化学原料和化学制品制造业，计算机、通信和其他电子设备制造业，医药制造业和汽车制造业。基于这五个行业2017—2021年的经济数据与用电数据，构造产值单耗这一变量，并通过描述其统计特征来发掘得到各工业行业间的关联，用以判断其未来走势和发展方向。各工业行业产值单耗数据描述如表6－1所示。

表6－1　各工业行业产值单耗数据描述

各工业行业	年均产值/亿元	产值单耗/(kW/万元)			
		均值	标准差	最小值	最大值
汽车制造业	6 895.1	36.9	3.4	33.4	41.5
医药制造业	926.3	130.7	3.1	126.7	133.7
计算机、通信和其他电子设备制造业	5 396.9	100.8	9.7	88.3	111.3
化学原料和化学制品制造业	3 082.9	297.1	21.5	265.1	310.0
黑色金属冶炼和压延加工业	1 265.3	1 187.7	92.2	1 094.7	1 306.9
第二产业中的工业	35 546.8	224.0	7.1	217.4	233.8

首先，根据各工业行业2017—2021年的产值单耗均值，可以发现汽车制造业的产值单耗最低，计算机、通信和其他电子设备制造业次之，而工业总体的产值单耗介于化学原料和化学制品制造业及医药制造业中间。考虑各工业行业的年均产值，可以发现工业总体的产值单耗受汽车制造业的影响较大，而受黑色金属冶炼和压延加工业的影响较小，一定程度上可以认为

汽车制造业是工业总体产值单耗变化的主要推动力量；继而，标准差能够说明一组数据的波动程度大小，医药制造业的产值单耗标准差最小，汽车制造业次之，并且工业总体的产值单耗标准差介于汽车制造业及计算机、通信和其他电子设备制造业中间，说明近年来汽车制造业和医药制造业的用电结构相对较为稳定，用电结构变化较大的行业是黑色金属冶炼和压延加工业及化学原料和化学制品制造业，而汽车制造业和医药制造业在一定程度上抹平工业总体的用电结构波动，并对上海工业未来用电结构变化和经济转型的趋势具有一定的指示作用。

3）上海第三产业用电结构变化

为分析第三产业产值单耗的内部结构变化，就批发和零售业，交通运输，仓储和邮政业，住宿和餐饮业，信息传输、软件和信息技术服务业，金融业，以及房地产业的产值单耗变化作相应分析，并通过描述其统计特征来发掘得到各服务业行业间的关联，用以判断其未来走势和发展方向，如表6－2所示。

表6－2　各服务业行业产值单耗变化趋势

各服务业行业	年均产值/亿元	产值单耗/(kW/万元)			
		均值	标准差	最小值	最大值
批发和零售业	4 945.1	144.9	10.0	131.1	154.0
交通运输、仓储和邮政业	1 585.9	351.7	16.4	335.5	374.1
住宿和餐饮业	418.3	350.8	18.0	332.4	374.9
信息传输、软件和信息技术服务业	2 505.6	130.4	19.2	106.3	153.0
金融业	6 581.4	29.0	3.7	24.6	33.0
房地产业	3 063.4	585.9	120.6	506.0	764.9
科学研究和技术服务业	1 571.9	141.5	16.7	118.4	155.1
第三产业	26 879.6	204.7	16.2	187.1	226.1

首先，根据各服务业行业 2017—2021 年的产值单耗均值，可以发现金融业的产值单耗最低，信息传输、软件和信息技术服务业次之，而服务业总体的产值单耗介于批发和零售业及住宿和餐饮业之间。考虑各服务业行业的年均产值，可以发现第三产业总体的产值单耗受金融业，以及批发和零售业的影响较大，而受住宿和餐饮业的影响较小，一定程度上可以认为金融业是第三产业总体产值单耗变化的主要推动力量。继而，可以通过标准差来判断第三产业各行业产值单耗的波动情况，其中，金融业的产值单耗标准差最小，批发和零售业次之，并且第三产业总体的产值单耗标准差介于批发和零售业，以及交通运输、仓储和邮政业之间，说明近年来的金融业，以及批发和零售业的用电结构相对较为稳定，用电结构变化较大的行业是房地产业。这在一定程度上可以说明房地产业在近些年的用电结构变化较大，即房地产业对于第三产业未来用电结构变化具有一定的指示作用。

6.1.3 上海经济发展与用电需求预测

基于分析可以发现，上海在经济转型背景下的重要特征表现为二三产业结构比的逐年下降，在加入对用电需求的分析之后，发现第二产业和第三产业总体产值单耗的逐年降低也是上海经济转型的重要表现之一。故接下来，基于经济转型背景下，从经济结构和用电需求的视角来对上海经济发展与用电需求进行预测。

具体地，首先基于 2001—2020 年的第二产业及第三产业的总产值和用电量数据，采用向量自回归模型（vector autoregression, VAR）对第二产业和第三产业的产值单耗进行预测，得到上海 2021—2025 年的第二产业和第三产业的产值单耗，用以判断上海未来几年的产业上用电需求会如何变化。同时，通过第二产业和第三产业的产值单耗比，可以得到上海 2021—2025 年的二三产业结构比变化趋势，也即经济产业结构走势变化，从而为合理规划上海的用电需求提供支撑。

1）*产值单耗预测*

根据分析可以发现，疫情冲击对于经济发展的冲击很大，工业作为经济发展的“压舱石”，在疫情期间为稳定经济起到了不小的作用，也正因为疫情对于产业结构的冲击较大，将情景设定为考虑疫情的影响和不考虑疫情的影响(即是否在预测模型的训练过程中加入疫情至今的数据)。上海第二产业产值单耗预测如图 6－7 所示。可以看到，疫情的冲击明显减缓了第二产业的产值单耗减小的速度，但并未改变其下降的趋势。

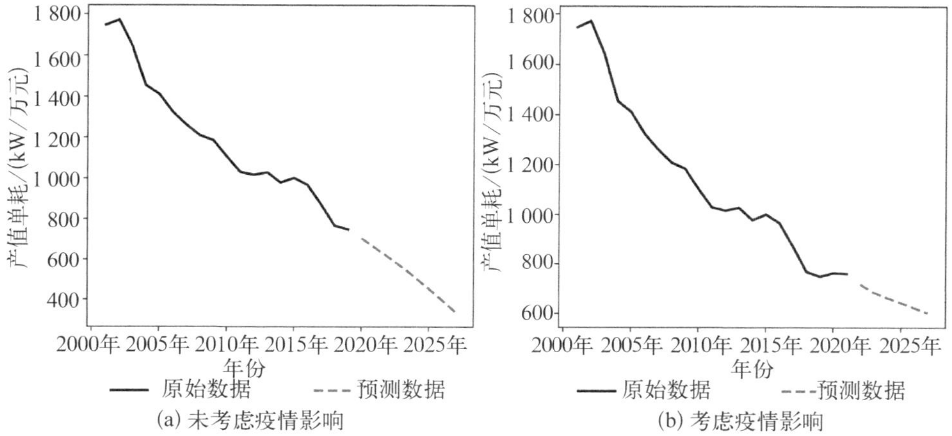

图 6－7　第二产业产值单耗预测

上海第三产业产值单耗预测如图 6－8 所示。可以看到，第三产业产值单耗的在 2021—2025 年也将延续下降趋势，因为其本身产值单耗较低，故较第二产业而言，其下降势头相对较弱。

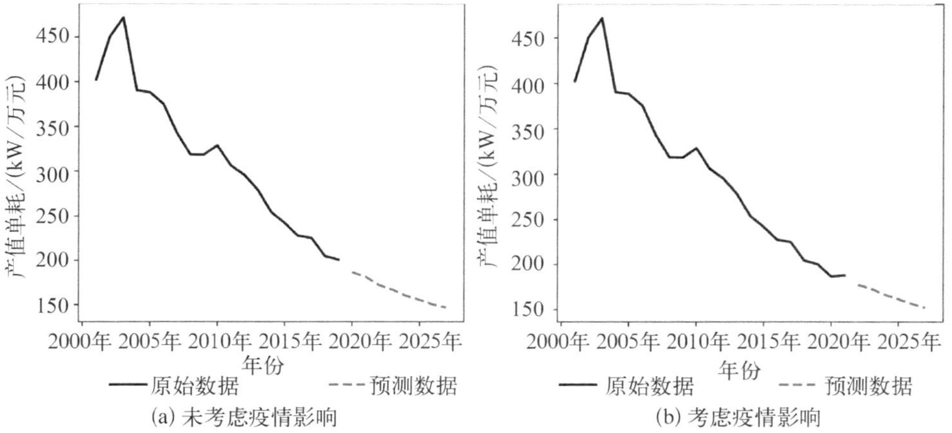

图 6－8　上海第三产业产值单耗预测

2）二三产业结构比预测

有了上述对于第二产业和第三产业的产值单耗的预测，可以得到上海2021—2025年的二三产业结构比走势，如图6-9所示。虽然疫情使得二三产业结构比的降低趋势变得缓慢，但在未来几年其仍将延续下降势头。

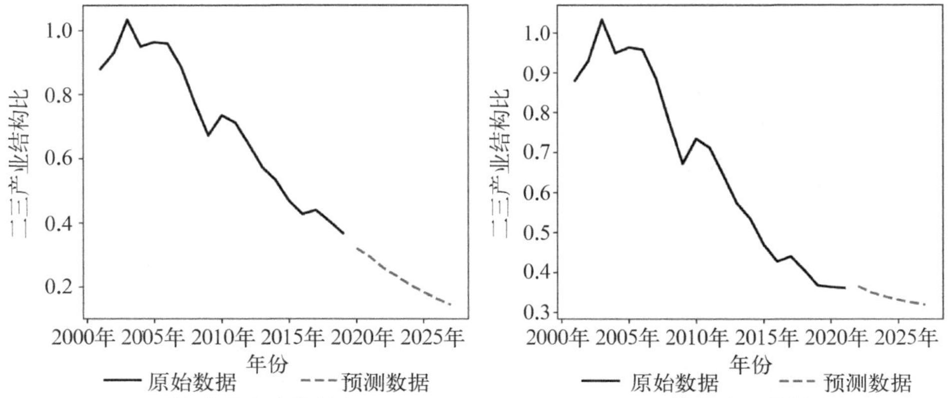

(a) 未考虑疫情影响　(b) 考虑疫情影响

图6-9　二三产业结构比预测

这从一定程度上说明，上海经济转型的进程不会停止，第三产业的蓬勃发展是上海经济结构转型的重要特征，而二三产业结构比的降低趋势也在逐渐趋缓，这和近些年上海制造业实现新旧动能转换，向智能制造的转变不无关系。根据前述分析可知，成套设备制造业、生物医药制造业，以及汽车制造业更是在其中起到了关键性的作用，是引领上海经济转型的重要力量。

基于上海2003—2022年的产业经济数据，对上海经济转型中的产业经济结构的变化进行分析发现，二三产业结构比不断缩减是上海经济转型的重要特征，并且在面对突发的公共卫生事件时，工业能够稳定经济增长，其作为经济“压舱石”的作用越发得到凸显。在对不同行政区的经济特征进行分析时，基于各区的经济增速和经济发展水平，并借助各区的二三产业结构比，对各个行政区在未来的发展前景及用电需求作了初步的判断。

其次，将经济特征和用电特征进行关联分析，借助产值单耗这一指标，分产业探究汽车制造业和医药制造业的用电结构相对较为稳定，并在一定程度上抹平工业总体的用电结构波动，对于第二产业总体用电需求的变化趋势具有一定的解释能力；第三产业中，金融业，以及批发和零售业的用电结构相对较为稳定，用电结构变化较大的行业是房地产业，从一定程度上可以说明金融业，以及批发和零售业对于第三产业未来用电结构趋势具有一定指示作用，房地产业则对于用电结构的转型具有一定解释能力。

最后，对未来五年的第二产业和第三产业的产值单耗进行预测，发现其产值单耗仍将延续下降势头，并通过未来五年的二三产业结构比的变化，看到二三产业结构比的降低趋势虽有下降，但势头逐渐趋缓，未来上海产业的电力需求结构将得到进一步优化。

6.2　上海电力需求预测新技术

"双碳"目标将推动电力系统加快清洁低碳转型，对我国"十四五"电力供需形势产生深刻影响。在"双碳"目标的愿景下，能源结构调整促使电力系统发生持续而深刻的变化，电力供应保障难度大是当下面临的重大挑战。做好电力规划是保障电力可靠供应的关键。在电力规划中首要的是做好电力预测，因为电力预测的准确度直接决定了规划的好坏。在"十四五"期间，我国将以推动经济高质量发展为主题，坚持深化供给侧结构性改革，加快构建双循环新发展格局。"双碳"目标将进一步推动经济发展方式转变，加快上海节能提效进程及电气化水平提升。新时代对电力供需的平衡，以及对电力系统灵活调节提出了更高的要求。新时代、新征程、新常态下，需要新的电力预测方法。随着人工智能、大数据技术的发展，利用机器学习和先进的统计理论提升中长期的预测精度是当前的研究热点。基于分解-集成的思想，利用机器学习和传统的时序建模技术相结合方式构建用电量的预测模型。

6.2.1　电力需求建模分析

"双碳"目标将加快产业转型升级步伐。在"十四五"期间，第二产业转型升级持续推进，现代服务业不断壮大，第三产业对经济的支撑作用更加明显。随着产业结构优化升级，电力需求结构将持续优化，第三产业和居民生活用电比重持续上升，第二、三产业结构变化对用电需求具有显著的影响。除经济转型因素之外，上海电力需求同时受到其他因素的影响，诸如经济增长、气温等因素。

(1) 用电量趋势整体上呈现逐年增长特征。2011—2021 年上海年月均用电量走势如图 6-10 所示，上海年月均用电量整体上呈现上升趋势。2011—2021 年月均用电量从 111.19 亿 kW·h 增长到 2022 年月均 144.40 亿 kW·h，增长 29.86%。除 2014 年出现负增长之外，其余年份均呈正增长态势，其中 2021 年增速最高，为 11.02%。

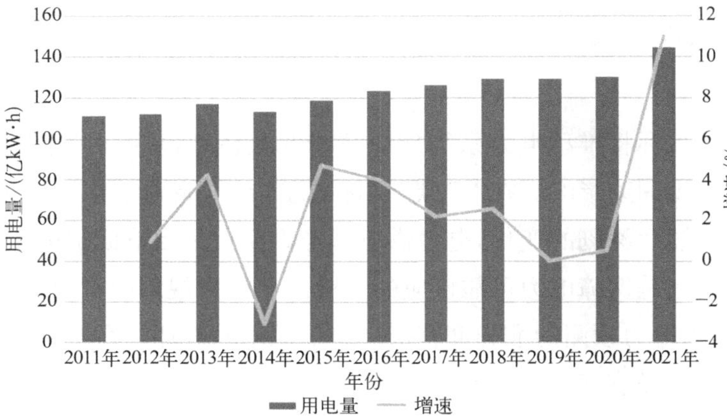

图 6-10 2011—2021 年上海年月均用电量走势

(2) 用电量呈现明显的季节性和周期性特征。从 2011—2021 年平均月用电变化情况(见图 6-11)和月用电量变化情况，上海用电量整体上呈现明显的月变化特征。月平均用电量在夏季 7、8 月，冬季的 12 月至翌年 1 月出现两个峰值，春季的 4 月和秋季的 10 月出现两个谷值；月平均用电量峰值高达 161.40 亿 kW·h。上海地区夏季用电量最大，冬季次之，春季最小，存在明显的季节变化情况。

(3) 呈现明显的“周末效应”。2011—2022 年上海各季节的用电均呈现明显的“周末效应”(见图 6-12)。周一到周五工作日用电量较大，周六、周日用电量大幅度减少，其中周日用电量最少，比周一至少减少了 0.25 亿 kW·h。可见用电存在工作日和非工作日的差异，这种差异属于非气象因素产业的

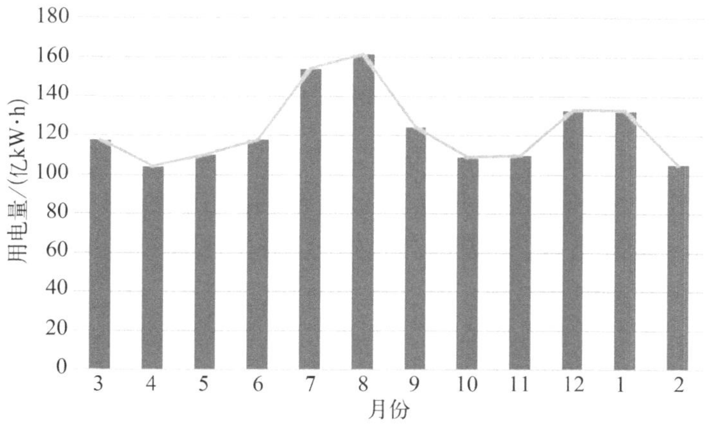

图6-11　上海2000—2021年平均月用电量变化

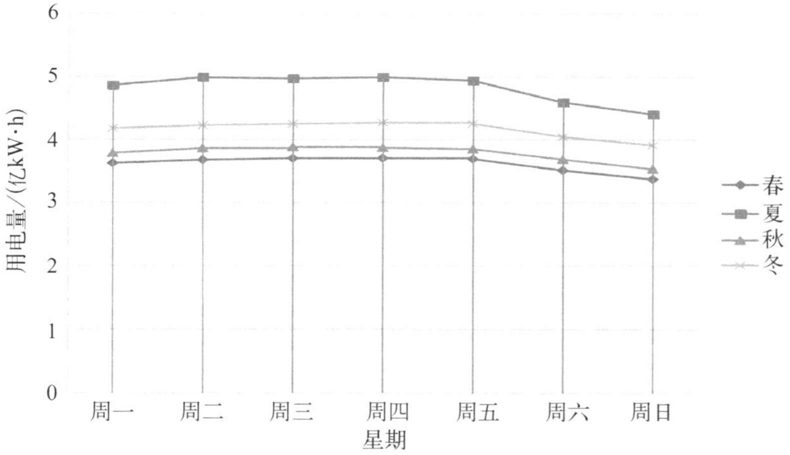

图6-12　2011—2021年上海各季节日均用电量周变化

用电变化。

(4) 呈现明显的“节假日效应”。以每年的“五一”劳动节为例，2011—2022年用电量均呈现明显的“节假日效应”。进入“五一”假期，用电量急剧减少，随着假期的推进，逐渐恢复正常。

电力需求的变化受到多种因素的影响。从宏观低频上看，随着经济的增长，电力需求也会持续增长。“双碳”目标将加快产业转型升级步伐。第二产业转型升级持续推进，现代服务业不断壮大，第三产业对经济的支撑作用更加明显。随着产业结构优化升级，电力需求结构将持续优化。气温是用电需求呈现季节性变化的重要因素。从微观高频角度看，用电量的更强波动性，有明显的区别于低频的基本特征，如“周末效应”和“节假日效应”等特征。因此，在低频用电量预测模型构建时，除用电量序列本身外，还应考虑经济和气温对用电需求的影响。在高频用电量预测模型构建时，除基本的季节性、年周期外，还应充分考虑周周期和节假日效应的影响。

6.2.2 低频电力需求预测新技术

从低频角度看，上海电力需求数据呈现趋势性增长和季节性波动的特征。电力行业是国民经济的基础行业，产业经济的发展，尤其是产业结构的变化与电力消费有着密切的关系。气温要素是影响用电呈季节和周期性波动的重要因素。随着我国经济的发展和人民生活水平的提高，冬季取暖和夏季制冷使得用电量显著增加。在全球变暖和城市化进程加速、极端高温或寒潮越发频繁的背景下，气温条件对用电量预测越发重要。

结合用电量的特征和影响因素之间关系的研判，将用电量序列分解为趋势项和波动项，其中波动项包含季节项和不规则项。对于趋势部分，纳入第二、三产业结构因素，构建相关预测模型。对于波动部分，通过扰动因素在频域进行进一步分解，并纳入温度因素再对波动项的每一部分利用ARIMA－X模型进行进一步的预测，然后将各部分的预测结果进行集成作为最终的预测结果。低频预测分解-集成预测方法流程如图6－13所示。

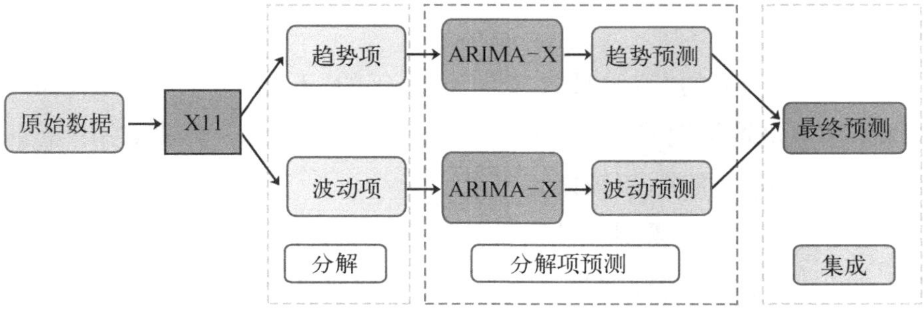

图6－13 低频预测分解-集成预测方法流程

低频电力需求预测模型将原始用电量数据分解为不同的成分，分解后的时间序列更加直观简洁，避免各种变动成分之间互相影响；考虑引起每种变动成分的原因不同，通过纳入各成分影响因素的方式可以减少预测的偏误，增加预测的精度。

1）数据描述和评价指标

该研究所用的数据是 2011—2021 年共计 132 个月度样本数据，数据来源于国网上海市电力公司。为了测试模型的预测能力，将数据集按照比例划分为训练集和测试集。其中测试集分别考虑长度为 3 期、6 期、12 期 3 种情况。

下面采用平均绝对百分比误差（$MAPE$）、平均百分比误差（MPE）和平均绝对误差（MAE）评价基准模型和改进模型预测效果的标准，表达式如下：

$$MAPE = \frac{1}{n}\sum_{i=1}^{n}\left|\frac{Y_i - \hat{Y}_i}{Y_i}\right| \times 100$$

$$MPE = \frac{1}{n}\sum_{i=1}^{n}\frac{Y_i - \hat{Y}_i}{Y_i} \times 100$$

$$MAE = \frac{1}{n}\sum_{i=1}^{n}\left| Y_i - \hat{Y}_i \right| \tag{6-1}$$

式中：Y_i 表示每个月的实际用电量；$\hat{Y}_i$ 表示每个月的实际用电量的预测值；n 为月度的总数。

用以上误差公式计算基准模型和改进模型在测试数据上的预测误差。

2）电力需求分解

原始时间序列经过分解后得到趋势部分、波动部分（季节部分和不规则部分）。由于用电量序列数据的不平稳性，通过依次对数据进行对数变换、移动平均和一阶差分后，对处理后的数据进行相同的分解过程（见图 6－14）。

不规则波动部分的均值和方差，数据的均值和方差趋于常数，几乎无波

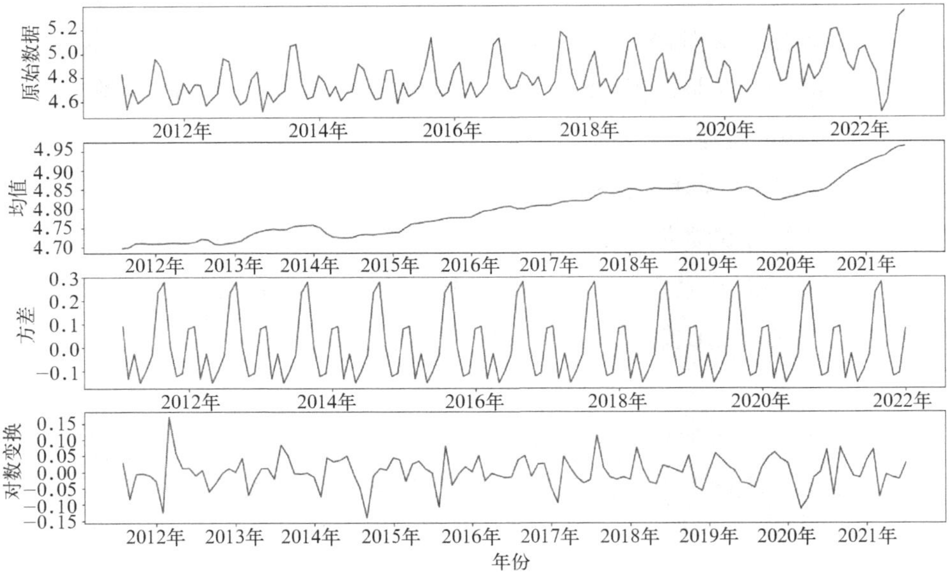

图 6－14　2011—2021 年上海用电量处理数据分解

动，所以直观上可认为数据是平稳的。另外，DF 检验表明，数据在 99％的置信度下是稳定的。

3）电力需求预测

基于经济结构对用电需求的影响的综合研判，趋势项预测中将二三产业结构比作为主要考量的经济因素，构建基于协变量的 ARIMAX 建模预测模型；波动项包含受气温影响的季节成分和不规则成分，为了更精准建模，从频域角度将波动项划进一步分解为不同频率的波信号，而波动项分解后的各种成分在一定程度上受到关键因素——气温的影响。波动项分解后的成分采用考虑气温因素的 ARIMAX 建模，分别得到各个模态的预测结果，然后将各部分的预测结果进行集成加总。最后加入组合调优模块，通过加权集成模块和调优模块的结果作为最终的预测结果。

为了细致地考察所构建模型的预测性能，分别考察 MA、ARIMA、HW、Hybird－DA 模型在预测未来 3 期、6 期、9 期和 12 期的预测误差，具体结果如表 6－3 至表 6－6 所示。

从表 6－3 中可以看出，未来三期的用电需求预测中，HW 模型较 MA、

ARIMA 和本书所构建的 Hybird - DA 模型整体上具有更好的预测表现。Hybird - DA 模型在训练集上从三个评价指标看，预测表现全面优于 HW 模型，在测试集中表现则不如 HW 模型，特别是在 3 期预测时，*MAE* 较大。

表 6 - 3　不同研究方法未来 3 个月用电需求预测误差分析

模　型	训　练　集			测　试　集		
	MAPE	*MPE*	*MAE*	*MAPE*	*MPE*	*MAE*
MA	22.66	20.82	29.05	13.07	−2.64	18.37
ARIMA	11.47	−0.84	14.12	5.72	5.72	8.38
HW	4.09	0.63	5.22	3.09	−0.51	4.19
Hybird - DA	3.56	−0.09	4.55	5.17	−3.68	7.29

从表 6 - 4 中可以看出，未来 6 期的用电需求预测中，所构建的 Hybird - DA 预测方法从评价指标上看，预测表现全面优于其他预测方法，整体上具有更好的预测表现。Hybird - DA 相比表现较好的 HW 模型，MAPE 在测试集中降低了约 11%，测试集上降低了约 43%。MPE 在测试集中下降到 0 附近，训练集中降低了约 63%。MAE 在训练集上降低了约 12%，测试集上降低了约 44%。

表 6 - 4　不同研究方法未来 6 个月用电需求预测误差分析

模　型	训　练　集			测　试　集		
	MAPE	*MPE*	*MAE*	*MAPE*	*MPE*	*MAE*
MA	28.16	15.24	33.98	68.59	68.59	103.72
ARIMA	10.13	0.57	12.8	13.99	12.75	23.56
HW	3.98	0.64	5.06	6.16	6.16	9.61
Hybird - DA	3.53	−0.05	4.47	3.51	2.25	5.41

从表 6－5 中可以看出，未来 9 期的用电需求预测中，所构建的 Hybird－DA 模型预测表现全面优于其他预测方法。相比于 6 期、9 期预测，HW 模型的预测偏误越来越大，Hybird－DA 模型预测精度表现与 6 期相当。

表 6－5　不同研究方法未来 9 个月用电需求预测误差分析

模　型	训　练　集			测　试　集		
	MAPE	*MPE*	*MAE*	*MAPE*	*MPE*	*MAE*
MA	22.99	20.17	27.76	82.30	82.30	124.10
ARIMA	10.44	—0.60	12.98	13.61	4.54	21.08
HW	3.99	0.64	5.07	6.44	6.44	9.80
Hybird－DA	3.56	—0.04	4.51	3.57	2.61	5.27

从表 6－6 中可以看出，未来 12 期的用电需求预测中，所构建的 Hybird－DA 模型预测表现全面优于其他预测方法。相比于 6 期、9 期预测，HW 模型的预测偏误进一步增大，特别是预测绝对平均偏差 MAE。Hybird－DA 模型预测表现较短期呈现增大的趋势，整体上仍处于可接受的范围，MAPE 和 MPE 基本在 5%以内，MAE 较 9 期预测表现增大了约 39%。

表 6－6　不同研究方法未来 12 个月用电需求预测误差分析

模　型	训　练　集			测　试　集		
	MAPE	*MPE*	*MAE*	*MAPE*	*MPE*	*MAE*
MA	22.44	20.69	28.31	82.96	82.96	121.36
ARIMA	9.67	0.50	12.19	11.65	6.81	18.08
HW	3.93	0.65	54.98	7.78	6.94	11.61
Hybird－DA	3.52	—0.03	4.45	5.02	3.93	7.32

从整体上看，基于分解-集成的思想所提出的预测方法 Hybird－DA 比

MA、ARIMA、HW 模型在预测性能上有着明显的优势，特别是 Hybird－DA 在进行 6 期、9 期预测时表现出很好的稳定性，12 期预测时虽然表现下降，但仍然表现很好。

6.2.3　高频电力需求预测新技术

1）数据描述和评价指标

本部分研究所用的数据是 2011 年 1 月 1 日至 2022 年 8 月 31 日共计 4 161 个样本，数据来源于国网上海市电力公司。为了测试模型的预测能力，将数据集按照比例划分训练集和测试集。将 2011 年 1 月 1 日至 2019 年 3 月 1 日数据用于训练模型，2019 年 3 月 2 日至 2022 年 8 月 31 日数据作为测试集，以此来验证分解-集成-组合用电量预测方法的推广能力。预测性能评价指标与低频预测部分保持一致，采用 MAPE、MPE、MAE 模型预测。

2）建模过程介绍

日度用电量数据呈现出趋势性、季节性和节假日效应特征，其中日度用电量数据的季节性即周期特征，包括年周期和周周期。实践表明传统时间序列模型，如 ARIMA、HW 等模型在捕捉用电量宏观特征信息时表现优异，对于用电量更加高频的特征如节假日和突发事件等则无能为力。可解释的机器学习 Prophet 模型将数据分解为趋势项、周期项和节假日项，每一项又有各自的预测模型，最终通过加总得到最终的预测结果。Prophet 模型是一个简单、易解释的周期性结构，可以很好地兼容并解释节假日等时间节点，具有稳定的预测精度。即使如此，Prophet 模型在特殊的时间点容易陷入过拟合，影响模型的稳定性，使得预测结果偏差较大。为了避免预测行为的过拟合，可以通过引入正则化模块来解决。基于树模型的 XGboost 模型不仅可以快速挖掘用电量数据中的节假日等特殊时间点的信息，而且具有正则化项。通过模型融合的方式将 XGboost 模型特性与 Prophet 模型解释性相结合实现优势互补，最终达到减少预测误差、提高精准度，乃至实践对未来一定时期用电量实现自动化预测的目的。基于 Hybird－XP 模型的分解-集成方法流程如图 6－15 所示。

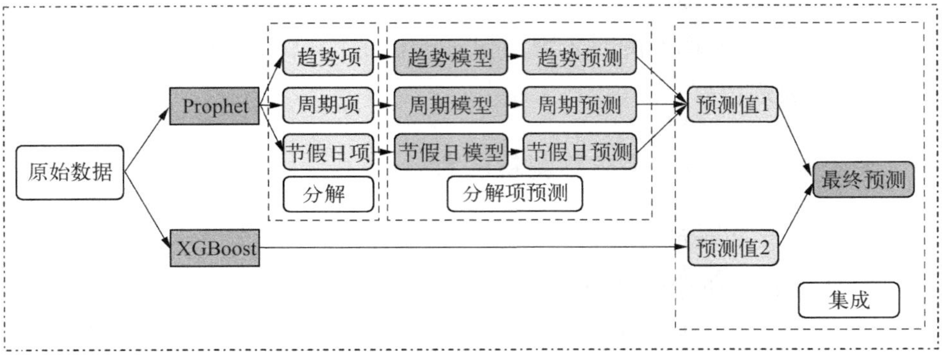

图 6－15　基于 Hybird－XP 模型的分解-集成预测方法流程

高频电力需求预测模型第一个预测模块考虑经济因素和气温因素对用电量的整体影响，通过 Prophet 模型纳入影响用电量的经济因素和气温因素，对用电量序列分解成不同的成分。成分中具有区别于低频的高频用电特征，并进行相应的成分处理得到预测值 1。为了发挥不同模型的长处，减少模型不确定性带来的预测误差，结合 XGBoost 模型对用电量的预测结果，通过随机森林算法集成预测值 1 和预测值 2 得到最终的预测结果。集成的方法可以结合不同模型的长处，进一步提升预测的精度。

3）预测性能比较

对比单个 Prophet 模型、XGboost 模型，以及 Hybird－XP 模型在测试集上的误差，对比结果如表 6－7 所示。

表 6－7　不同研究方法预测误差比较

模　型	训　练　集			测　试　集		
	MAPE	*MPE*	*MAE*	*MAPE*	*MPE*	*MAE*
Prophet	5.89	−0.63	0.23	9.39	−2.55	0.41
XGboost	2.73	0.71	0.22	5.57	−0.23	0.11
Hybird－XP	1.08	−0.03	0.04	4.78	0.29	0.22

由表 6－7 的结果表明，从各模型的 *MAPE* 看，相比于 Prophet 模型和

XGboost 模型，通过 stacking 融合的 Hybird - XP 模型无论是训练集，还是测试集都具有更好的预测表现。相较于 XGboost，*MAPE* 在训练集降低了约 60%，在测试集降低了约 14%。从各模型的 MPE 看，XGboost 模型和 Hybird - XP 模型具有更好的预测表现，并且在测试集上表现相当，其主要区别在于，从平均意义上看，XGboost 整体上低估用电需求，而 Hybird - XP 高估了。从 *MAE* 上看，训练集上 Hybird - XP 表现最优，而测试集上 XGboost 表现最好。从数据集划分的角度看，训练集上 Hybird - XP 表现最好，测试集上，除 *MAE* 指标外，XGboost 模型和 Hybird - XP 模型的 *MPE* 是相当的。从 *MAPE* 上看，Hybird - XP 预测表现更好。因此，从整体上看，stacking 融合 Prophet 和 XGboost 模型的优势，可提高预测的准确率。

6.2.4　人工智能需求预测新技术

极限学习机获得的网络结构比基于梯度法的神经网络要复杂。这主要是因为的输入权重和阈值采用随机方式获取，能避免陷入局部最优解、过度拟合养样本数据等问题，但是会导致极限学习机的一些隐含层结点失效或者效用降低。因此，输入权重和阈值的选取对算法的精度至关重要。而将粒子群优化算法用于极限学习机输入权重和阈值的选取，可以有效地提高极限学习机的学习能力和预测能力。因此，提出将粒子群优化算法与极限学习机算法相结合，构建了 PSO - ELM 算法模型。

1）输入样本的选取与归一化处理

负荷预测需要大量的历史负荷数据，因此准确的预测首先要重视原始数据的收集和分析。这些数据除了受测量设备本身或者数据传输中的各种原因影响外，还有一些人为因素的影响，使历史负荷数据中某一天的数据可能出现和包含数据缺失、非真实的数据和异常波动数据，通常称之为不良数据或坏数据。数据预处理就是在利用历史负荷数据之前，先对其进行加工，去除不规则数据，消除不良数据或坏数据的影响，以保证负荷预测的准确性。

（1）输入变量及样本的选取。由上面的相关性分析可知，温度对于季节性负荷预测的影响最大，主要的温度指标包括日最高温度、日最低温度、日平均温度。同时温差对于负荷预测精度影响也较大，如夏季高温天气若温差较小，空调整天将会持续开启，降温负荷将会很大。同时日类型对于负荷也有一定的影响，特殊节假日的负荷变化大，需要在训练之前剔除这些特殊的点，以及一些异常数据点。本书选取了近5年来的日最大负荷数据，以及相关的气象数据，对2019年的1月、2月份的日最大负荷进行预测，通过比较实际值与预测值的误差证明提出的方法有效。

(2) 样本数据的归一化处理。由于特性指标的量纲和数量级不尽相同，在运算过程中可能突出某数量级特别大的特性指标对分类的作用。为了消除特性指标单位的差别和特性指标数量级不同的影响，必须对其规格化，从而使得每一指标值均统一于某种共同的数值特性范围。利用MATLAB中的premnmx函数将负荷和相应的温度数据进行归一化处理，归一化后的数据在[−1, 1]，且所有的样本数据都转化为相同尺度的无量纲量。最后，再对输出的日最大负荷数据进行反归一化处理，经还原计算恢复为实际值。

2) 参数的分析与设置

对于极限学习机参数的选取，主要包括隐含层神经元个数，以及输入层神经元与隐含层神经元之间的权重和阈值的选取，在没有采用粒子群优化参数之前，这些参数的设置主要采用随机数赋值，利用最小二乘法求出最优解。但是，这样很容易陷入局部最优，无法得到全局最优解。粒子群优化算法是一种迭代算法，它通过不断地更新粒子的速度和位置，使粒子可以在整个解空间寻找全局最优解，当满足迭代停止条件时，输出最优解所对应的极限学习机的参数。

输入样本包括日最高温度、日最低温度、日平均温度，以及温差，输出为日最大负荷，因此，输入神经元个数设置为4，输出神经元个数设置为1。隐含层神经元个数的设置没有具体的方法，但是一般要远大于输入神经元个数，主要采用试探法，经过不断地比较，最终确定隐含层神经元个数为30。粒子群优化算法的参数设置主要包括粒子个数、迭代次数、学习因子、惯性权值，以及迭代停止条件。寻优粒子个数设置为40，迭代100次，学习因子c_1设置为2.8，c_2设置为1.3，惯性权值采用线性递减的方式变化。

3）总负荷的预测结果分析及误差比较

采用MATLAB仿真，利用2014—2017年的样本数据对2018年夏季和冬季的日最大负荷进行预测。使用FCM算法选取ELM的训练样本数据后，通过计算待预测日与聚类中心矩阵的欧式距离，剔除一些异常的数据点，最终选取了其中33天的待预测日数据。总负荷预测结果如表6-8所示。

表6-8　总负荷预测结果

预测日序号	实际值/MW	预测值/MW	最高温度/℃	误差/%
1	2 303.7	2 270.162	5.3	1.5
2	2 574.7	2 548.946	6.6	1.0
3	2 515.2	2 501.314	9.0	0.6
4	2 249	2 227.352	7.8	1.0
5	2 430.6	2 403.871	8.5	1.1
6	2 460.2	2 468.620	7.8	—0.3
7	2 540.6	2 593.609	5.8	—2.1
8	2 496.4	2 461.708	7.5	1.4
9	2 325.6	2 377.629	5.8	—2.2
10	2 278.2	2 340.743	7.9	—2.7
11	2 395.5	2 406.160	10.7	—0.4
12	2 431	2 407.325	8.5	1.0
13	2 528.9	2 269.227	5.3	10.3
14	2 471	2 466.226	8.5	0.2
15	2 376.8	2 377.834	11.0	0
16	2 239.1	2 295.135	8.9	—2.5

续 表

预测日序号	实际值/MW	预测值/MW	最高温度/℃	误差/%
17	2 386.4	2 367.489	8.5	0.8
18	2 301.9	2 282.027	11.0	0.9
19	2 165.7	2 289.044	6.0	−5.7
20	2 052.6	2 054.730	9.7	−0.1
21	2 151.3	2 190.678	8.6	−1.8
22	2 004.7	2 027.097	10.4	−1.1
23	1 883.9	1 881.571	5.8	0.1
24	1 584.7	1 599.428	5.0	−0.9
25	1 710.6	1 767.846	4.9	−3.3
26	1 871.1	2 031.169	5.2	−8.6
27	2 072.7	2 045.332	5.0	1.3
28	2 158.2	2 177.531	7.8	−0.9
29	2 169.7	2 078.357	8.9	4.2
30	2 279.3	2 424.043	7.7	−6.4
31	2 289.1	2 192.835	7.3	4.2
32	2 232.7	2 218.333	4.9	0.6
33	2 166.6	2 054.125	7.4	5.2

统计以上预测结果，有 12 个点的绝对百分比误差小于 1%，有 16 个点的绝对百分比误差小于 5%，最大百分比误差为 10.3%，平均绝对百分比误差为 2.26%。

采用粒子群优化算法来寻找极限学习机的最佳参数，粒子群最佳适应度值的迭代图，以及没有粒子群优化和有粒子群优化的预测结果，如

图 6－16 和图 6－17 所示。

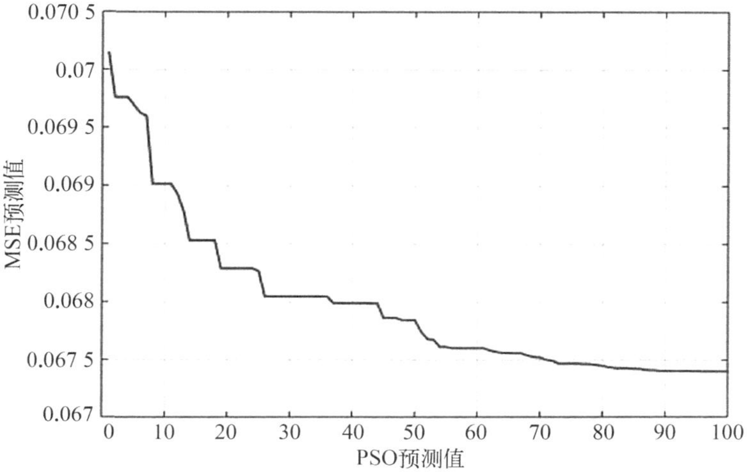

图 6－16　PSO－ELM 模型 100 次迭代误差变化(1)

决定系数：$R^2=0.897\ 75$

模型仿真均方误差：$mse=5\ 600.615$

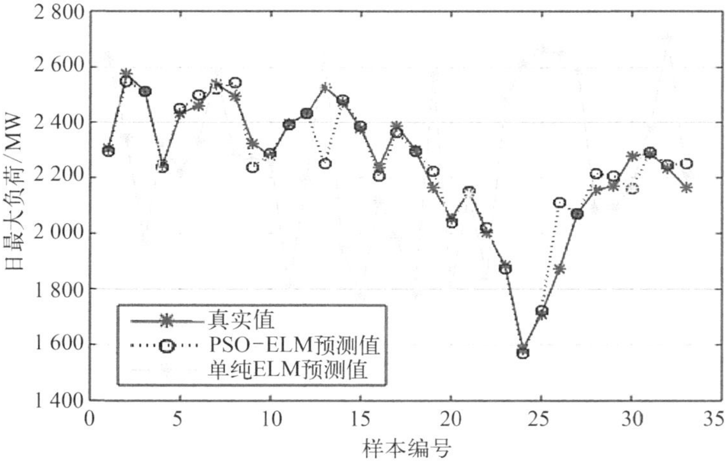

图 6－17　测试集－预测分类预测结果的比较(1)

ELM：($mse=2\ 404.105\ 9$ $R^2=0.075\ 954$)

PSO－ELM：($mse=427.008\ 4$ $R^2=0.899\ 13$)

PSO－ELM 优化模型测试样本的均方根误差为 74.837 3，平均绝对百分比误差为 0.022 567；ELM 优化模型测试样本的均方根误差为

330.298 4，平均绝对百分比误差为0.121 57。从预测结果可以看出，有粒子群参数优化的ELM模型的精度很高，而没有粒子群优化的模型很容易陷入局部最优，导致误差很大。

上述对于冬季负荷预测的结果精度较高，能满足实际的工程需求，为了进一步验证所采用算法的有效性，下面继续对2018年的夏季日最大负荷进行预测分析。通过对数据的预处理，剔除一些异常数据，最终选取了17个夏季样本数据，预测结果如表6-9所示。

表6-9　夏季负荷预测结果

预测日序号	实际值/MW	预测值/MW	最高温度/℃	温度修正/℃	误差/%
1	2 808.6	2 839.02	35.0	36.380	1.1
2	2 972.4	2 969.60	37.7	42.024	−0.1
3	3 094.0	2 957.50	36.1	38.208	−4.4
4	2 879.7	3 003.32	36.3	38.544	4.3
5	2 739.6	2 733.63	36.2	39.336	−0.2
6	2 620.4	2 594.58	36.6	40.128	−1.0
7	2 990.7	2 984.64	35.2	37.356	−0.2
8	2 863.6	2 858.15	34.8	36.690	−0.2
9	2 832.8	2 845.58	34.5	36.135	0.5
10	2 522.2	2 549.92	35.3	37.393	1.1
11	3 043.1	3 015.95	35.2	37.422	−0.9
12	2 992.6	2 879.37	35.1	37.599	−3.8
13	2 952.0	2 945.69	35.8	39.132	−0.2
14	2 929.0	2 967.94	35.6	38.694	1.3
15	2 952.2	2 988.35	36.8	41.322	1.2

续　表

预测日序号	实际值/MW	预测值/MW	最高温度/℃	温度修正/℃	误差/%
16	2 685.9	2 706.18	35.3	37.876	0.8
17	2 807.5	2 849.54	34.5	36.075	1.5

粒子群最佳适应度值的迭代图，以及没有粒子群优化和有粒子群优化的预测结果如图 6－18 和图 6－19 所示。

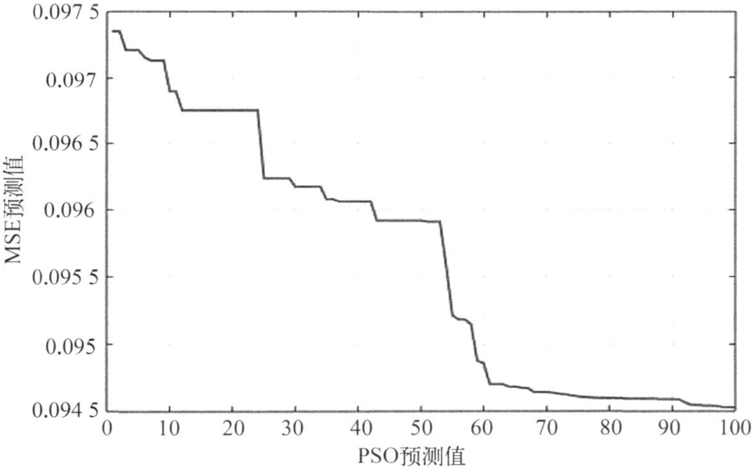

图 6－18　PSO－ELM 模型 100 次迭代误差变化(2)

决定系数：$R^2=0.835\ 84$
模型仿真均方误差：$mse=4\ 616.494\ 9$

PSO－ELM 优化模型测试样本的均方根误差为 67.944 8，平均绝对百分比误差为 0.030 678；ELM 优化模型测试样本的均方根误差为 115.685 5，平均绝对百分比误差为 0.046 836。

由上述对于夏季和冬季负荷的预测可以看出，即使采用了 PSO 优化算法，效果还是不明显，这是由于研究的主要是季节性负荷，预测气温的变化所导致的降温采暖负荷的大小。因此，将温度等相关影响因素代入模型当中，模型的输出应取气象负荷才更加合理。气象负荷的提取主要有传统的剔除趋势负荷的方法，还有采用经验模态分解的方法将原始负荷数据分解

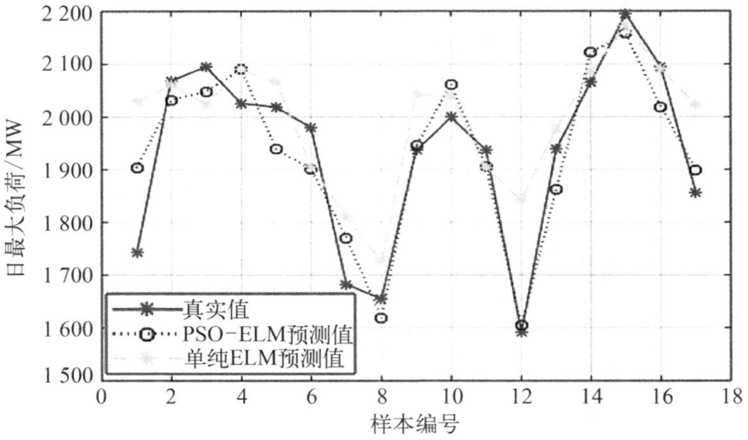

图 6-19　测试集-预测分类-结果对比(2)

ELM:(mse=476.983 5 R^2=0.667 99)

PSO-ELM:(mse=280.143 6 R^2=0.835 84)

成几种不同的模态,通过研究各种模态,以及模态之间的组合与气温的相关系数来确定气象负荷的大小。

4) 基于剔除趋势法的气象负荷预测

根据研究对象的不同,提出了四种剔除趋势负荷的方法来获得气象负荷的大小,分别是逐日最大负荷、历年夏季逐日最大负荷极值、历年夏季平均日最大负荷的变化趋势,以及研究对象只为 1 年(选择 2018 年)时,选取春秋季温度舒适的时间段内平均负荷作为基础负荷。通过计算使用了上述 4 种方法后得到的气象负荷与温度的相关系数可知,当研究对象为历年夏季平均日最大负荷的变化趋势时,气象负荷与温度的相关系数最大,即表明采用该方法提取出的气象负荷与温度的相关性较大。选取 2014—2018 年的样本数据,通过历年夏季逐日最大负荷极值后拟合趋势法剔除趋势负荷得到气象负荷数据,采用 FCM 聚类算法将样本数据分为 3 类,选取其中 2014—2017 年的夏季降温负荷和冬季采暖负荷,对 2018 年的夏季降温负荷和冬季采暖负荷进行预测,首先给出了 2018 年冬季采暖负荷的预测结果,如表 6-10 所示。

表 6 - 10　冬季采暖负荷预测结果

预测日序号	实际值/MW	预测值/MW	最高温度/℃	误差/%
1	1 082.9	1 090.3	5.3	0.69
2	1 110.3	1 110.8	6.6	0.04
3	935.3	933.2	9.0	—0.23
4	885.2	893.0	7.8	0.88
5	1 253.5	1 179.5	8.5	—5.90
6	1 206.8	1 202.0	7.8	—0.39
7	1 204.5	1 194.7	5.8	—0.81
8	1 234.7	1 230.9	7.5	—0.31
9	1 288.1	1 291.0	5.8	0.23
10	1 138.2	1 147.7	7.9	0.84
11	884.7	882.6	10.7	—0.24
12	924.6	924.9	8.5	0.03
13	855.1	855.3	5.3	0.02
14	877.1	875.8	8.5	—0.14
15	880.4	880.4	11.0	0.00
16	942.6	945.1	8.9	0.27
17	808.3	808.8	8.5	0.06
18	792.0	790.7	11.0	—0.15
19	987.1	980.7	6.0	—0.65
20	1 073.3	1 072.4	9.7	—0.08
21	1 227.4	1 300.0	8.6	5.92
22	1 299.4	1 277.6	10.4	—1.68

续 表

预测日序号	实际值/MW	预测值/MW	最高温度/℃	误差/%
23	1 314.4	1 321.7	5.8	0.56
24	1 220.8	1 223.9	5.0	0.25
25	1 167.7	1 209.8	4.9	3.60
26	1 386.5	1 361.1	5.2	−1.83
27	1 322.5	1 322.0	5.0	−0.03
28	1 340.7	1 308.6	7.8	−2.39
29	1 214.3	1 213.6	8.9	−0.06
30	1 117.4	1 122.8	7.7	0.48
31	1 179.7	1 209.3	7.3	2.51
32	1 154.3	1 162.8	4.9	0.74
33	1 174.9	1 161.4	7.4	−1.14

统计以上预测结果，有 25 个点的绝对百分比误差小于 1%，有 6 个点的绝对百分比误差小于 5%，最大百分比误差为 5.92%，平均绝对百分比误差为 1.78%。由此可见，剔除趋势负荷之后，对气象负荷进行预测的精度要比直接预测总的负荷时高很多，说明采用剔除趋势负荷的方法对研究气象负荷是有重要意义的。预测结果如图 6-20 和图 6-21 所示。

对采用的剔除趋势负荷的方法对 2018 年冬季采暖负荷进行预测，从预测结果来看要比直接预测总的负荷时好很多。为了进一步验证该算法的有效性，下面继续对 2018 年夏季降温负荷采用同样的方法进行预测，预测结果如表 6-11 所示。

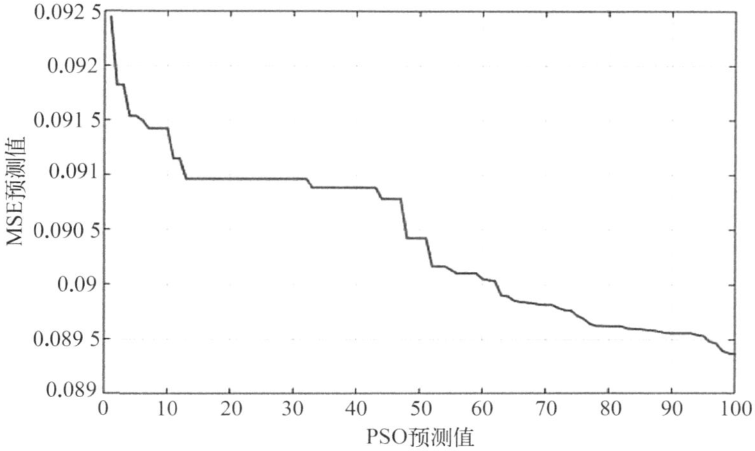

图 6-20　PSO-ELM 模型 100 次迭代误差变化(3)

决定系数：$R^2=0.976\,73$
模型仿真均方误差：$mse=680.977\,8$

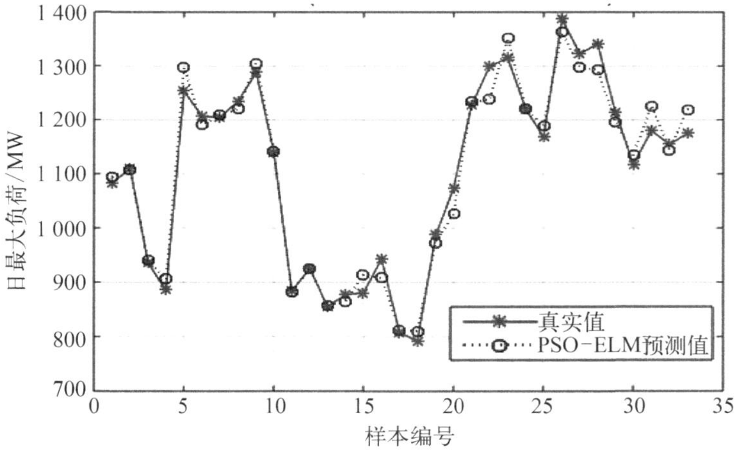

图 6-21　测试集-预测分类-结果对比(3)

ELM：($mse=725.499\,9$ $R^2=0.804\,66$)
PSO-ELM：($mse=149.907\,5$ $R^2=0.976\,73$)

表 6-11 夏季降温负荷预测结果

预测日序号	实际值/MW	预测值/MW	最高温度/℃	温度修正/℃	误差/%
1	1 131.0	1 134.6	35	36.38	0.32
2	1 134.6	1 136.9	37.7	42.024	0.21
3	1 249.7	1 253.3	36.1	38.208	0.29
4	1 110.9	1 109.4	36.3	38.544	−0.14
5	1 083.2	1 082.7	36.2	39.336	−0.04
6	717.3	718.3	36.6	40.128	0.14
7	868.7	859.9	35.2	37.356	−1.01
8	1 317.1	1 360.4	34.8	36.69	3.29
9	1 310.2	1 308.4	34.5	36.135	−0.14
10	1 167.6	1 164.1	35.3	37.393	−0.31
11	1 259.8	1 266.3	35.2	37.422	0.52
12	1 324.8	1 211.5	35.1	37.599	−8.55
13	1 016.8	1 059.4	35.8	39.132	4.19
14	909.9	922.1	35.6	38.694	1.33
15	1 275.7	1 296.2	36.8	41.322	1.60
16	1 395.3	1 389.7	35.3	37.876	−0.40
17	1 341.5	1 341.0	34.5	36.075	−0.04

统计以上预测结果，有 11 个点的绝对百分比误差小于 1%，有 6 个点的绝对百分比误差小于 5%，最大百分比误差为 8.55%，平均绝对百分比误差为 1.51%。同样相比于直接预测总负荷时精度提高很多，说明不管是夏季的降温负荷还是冬季的采暖负荷，上述方法都是可行的。夏季降温负荷预

测图如图 6 - 22 和图 6 - 23 所示。

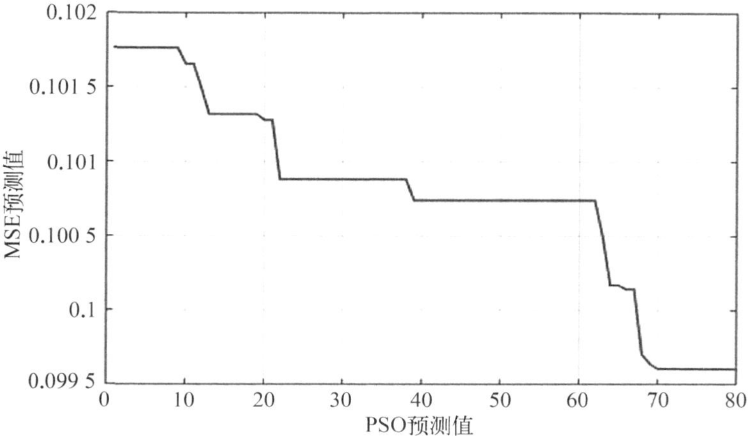

图 6 - 22　PSO - ELM 模型 100 次迭代误差变化(4)

决定系数：R^2＝0. 969 5

模型仿真均方误差：*mse*＝1 017. 328 7

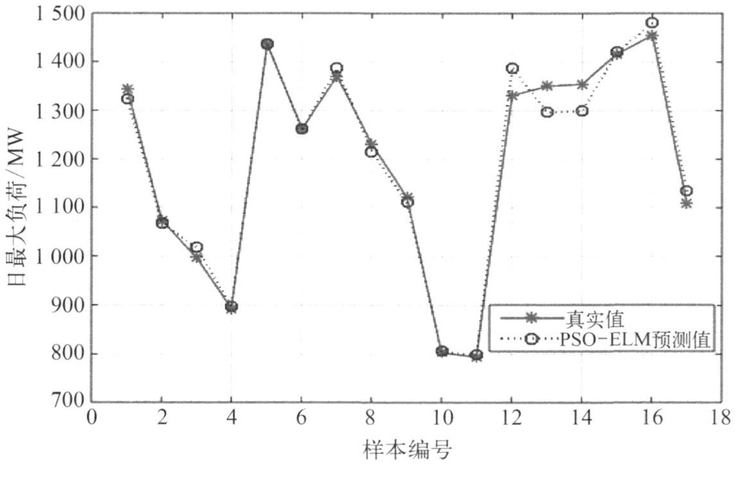

图 6 - 23　测试集-预测分类-结果对比(4)

ELM：(*mse*＝1 911. 093 3 R^2＝0. 028 543)

PSO - ELM：(*mse*＝110. 711 R^2＝0. 984 17)

由此可以看出，夏季降温负荷的预测精度较高，比冬季采暖负荷的预测精度要高很多。由粒子群迭代图可以看出，粒子收敛速度较快，只迭代了

80 次就满足了精度要求。

6.3 小结

电力需求的变化受到多种因素的影响。从宏观低频上看，随着经济的增长和产业结构的不断优化，电力需求也会持续增长但增速向缓。从微观高频角度看，用电量有更强的波动性，有明显区别于低频的基本特征，如“周末效应”和“节假日效应”等特征。因此，在低频用电量预测构建模型时，除用电量序列本身外，还应考虑经济和气温对用电需求的影响。在高频用电量预测模型构建时，除基本的季节性、年周期外，还应充分考虑周周期和节假日效应的影响。

上海电力需求数据呈现出趋势性增长和季节性波动的特征。基于分解-集成的思想，利用机器学习和传统的时序建模技术相结合方式构建用电量的预测模型。在低频预测中，通过将用电量序列分解为趋势项和波动项，其中波动项包含季节项和不规则项，基于分解-集成的思想所提出的预测方法 Hybird－DA 相比于 MA、ARIMA、HW 模型在预测性能上有着明显的优势，特别是 Hybird－DA 在进行 6 期、9 期预测时表现出很好的稳定性。

区别于低频中的分解方法，高频预测中利用相对于低频更大的可解释的机器学习 Prophet 模型纳入经济变量和气温变量的基础上，将数据分解为趋势项、周期项和节假日项，每一项又有各自的预测模型，最终通过加总得到最终的预测结果。不同于低频直接等权重加总各自的预测结果，高频预测的集成是通过随机森林算法模型集成 XGboost 模型特性与 Prophet 模型解释性从而实现优势互补，最终达到减少预测误差，提高精准度。相比于 Prophet 模型和 XGboost 模型，通过 stacking 融合的 Hybird－XP 模型无论是训练集还是测试集都具有更好的预测表现。

利用人工智能算法，通过实际的预测结果可以看出，这种优化算法对于提高负荷预测精度有很大帮助，还可以与其他的优化算法进行比较，比如遗传算法对于参数的优化，这样可以体现出算法的多样性，同时还可以通过比较进一步提高负荷预测的精度。采用经验模态分解或者是传统的剔除趋势负荷的方法都无法保证得到的就是精确的气象负荷，主要是气温的变化与其他影响因素共同影响负荷的变化，而只使用气温作为影响因素进行季节性负荷的提取是数据来源上存在的局限性，但是通过对于各种模态分量的组合或者是对样本数据的聚类和筛选可以在一定程度上减少这种误差。

第 7 章

上海电力需求预测新技术应用实例

基于建立的高低频用电量预测模型，在低频上对未来中期的电力需求进行预测，在高频上对未来短期的电力需求进行预测，从而对未来上海的用电特征进行分析，同时结合高频和低频的预测结果，对未来可能存在的用电特征变化进行分析。

7.1 低频电力需求预测新技术应用实例

通过将用电量数据分解为趋势项和波动项，然后考虑产业结构和气温因素分别对两部分预测，最终通过集成加总得到最终的预测结果。结果表明，本书所构建的 Hybird - DA 用电量预测方法取得了较好的预测表现。基于 Hybird - DA 方法，利用 2011—2021 年的数据预测 2022 年的用电需求。拟合和预测效果如图 7 - 1 所示，图中黑色曲线为 2011—2021 年原始用电量数据，深灰色曲线为 2011—2021 年的拟合曲线，浅灰色曲线是对 2022 年用电需求的样本外预测，可明显看出，整个预测可以很好地捕捉用电量需求的变化趋势。

现实中，2022 年的月度数据变化与实际的样本外预测结果的差异情况如图 7 - 2 所示，可以明显看出，预测模型对应疫情的捕捉效果不理性，MAPE 偏差为 36.23%，非疫情时期 1—2 月份的用电量预测 MAPE 偏差为 5.34%，对夏季高温的用电量预测表现优异，MAPE 偏差为 2.19%。

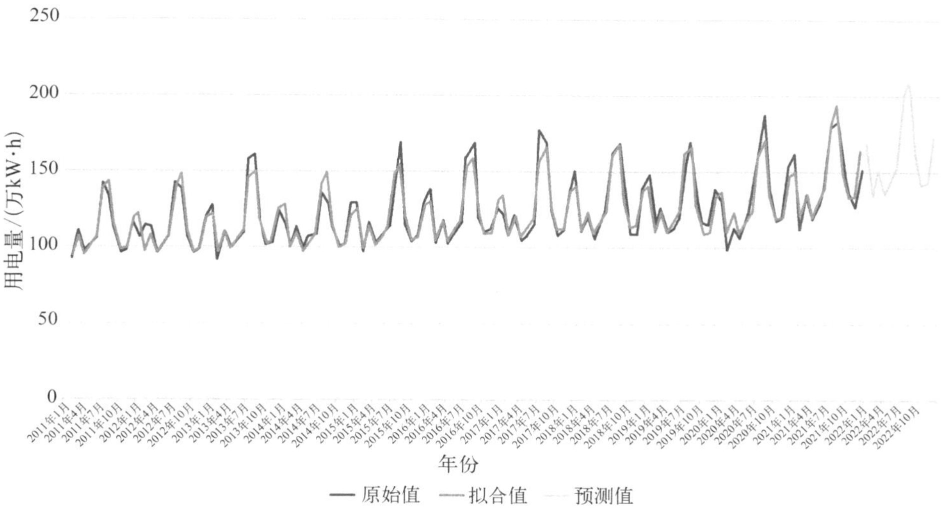

图 7－1　2022 年用电量预测变化图

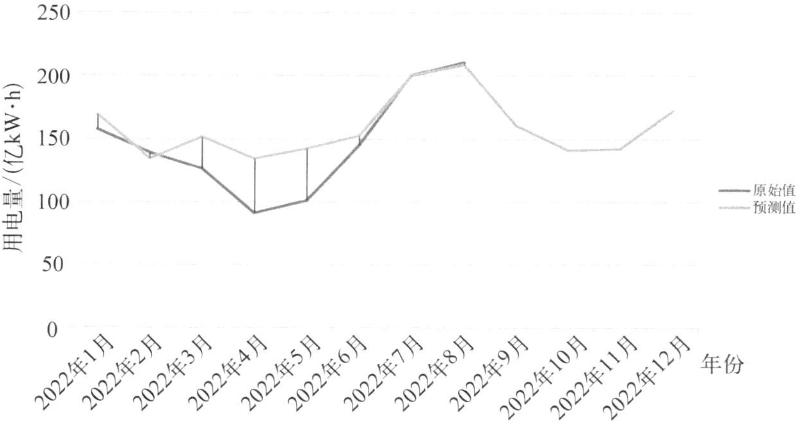

图 7－2　2022 年样本外预测结果与真实情况的对比

模型无法捕捉疫情影响主要原因在于，突发事件会直接导致用电需求的突变，而突发事件的影响确实是持续性的，由于突发事件的低频性，通过月度低频数据无法捕捉突变信息。从低频角度捕捉突变，但从高频角度可以很好地刻画突变前后的整个过程。基于日度高频用电量数据建模，辅助低频用电量需求研判，可以更好地刻画突变，以及突变的影响，从而实现更好的用电量需求预测。

7.2 高频电力需求预测新技术应用实例

通过分解-集成的思想构建的高频用电量序列预测模型 Hybird - XP 模型在日度数据上表现出非常好的预测性能。模型在训练集较测试集上表现更好。在测试集上，虽然整体上去掉了较小的预测偏差，但从测试集上的预测情况可以看出，对用电高峰的预测偏误较用电低估高。

未来电力需求预测对于缓解夏冬“双高峰”压力，保证电力供应，对于生产生活具有重要的意义。关于未来的电力需求预测，基于所构建的 hybird - XP 模型对未来 4 个月的用电需求进行预测，预测的情况如图 7 - 3 所示。

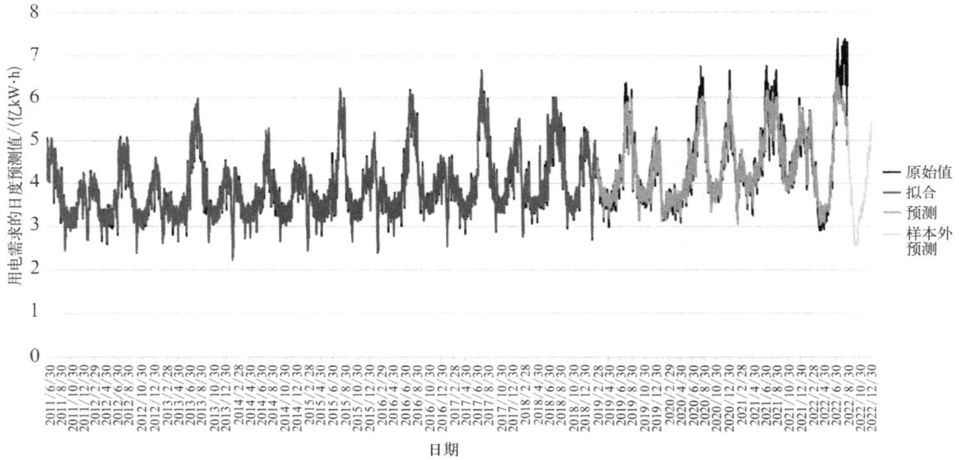

图 7 - 3　未来 4 个月用电需求的日度预测结果

具体的预测结果记录如表 7 - 1 所示。

表 7 - 1　2022 年 9—12 月日用电需求预测　　亿 kW · h

日　期	预测值	日　期	预测值	日　期	预测值
2022 年 9 月 1 日	5.33	2022 年 9 月 3 日	4.97	2022 年 9 月 5 日	4.75
2022 年 9 月 2 日	5.16	2022 年 9 月 4 日	4.93	2022 年 9 月 6 日	4.52

续 表

日　期	预测值	日　期	预测值	日　期	预测值
2022年9月7日	4.44	2022年9月28日	3.2	2022年10月19日	2.67
2022年9月8日	4.41	2022年9月29日	3.13	2022年10月20日	2.72
2022年9月9日	4.33	2022年9月30日	2.98	2022年10月21日	2.93
2022年9月10日	4.16	2022年10月1日	2.93	2022年10月22日	3.08
2022年9月11日	4.1	2022年10月2日	2.81	2022年10月23日	3.03
2022年9月12日	4.15	2022年10月3日	2.77	2022年10月24日	3.06
2022年9月13日	4.05	2022年10月4日	2.72	2022年10月25日	3.06
2022年9月14日	4.01	2022年10月5日	2.65	2022年10月26日	3.25
2022年9月15日	3.92	2022年10月6日	2.64	2022年10月27日	3.28
2022年9月16日	3.9	2022年10月7日	2.75	2022年10月28日	3.27
2022年9月17日	3.67	2022年10月8日	2.77	2022年10月29日	3.31
2022年9月18日	3.57	2022年10月9日	2.66	2022年10月30日	3.27
2022年9月19日	3.75	2022年10月10日	2.77	2022年10月31日	3.27
2022年9月20日	3.81	2022年10月11日	2.67	2022年11月1日	3.31
2022年9月21日	3.79	2022年10月12日	2.68	2022年11月2日	3.28
2022年9月22日	3.69	2022年10月13日	2.67	2022年11月3日	3.3
2022年9月23日	3.69	2022年10月14日	2.65	2022年11月4日	3.32
2022年9月24日	3.59	2022年10月15日	2.67	2022年11月5日	3.34
2022年9月25日	3.46	2022年10月16日	2.64	2022年11月6日	3.3
2022年9月26日	3.47	2022年10月17日	2.67	2022年11月7日	3.28
2022年9月27日	3.28	2022年10月18日	2.64	2022年11月8日	3.3

续 表

日 期	预测值	日 期	预测值	日 期	预测值
2022年11月9日	3.33	2022年11月27日	3.71	2022年12月15日	4.66
2022年11月10日	3.38	2022年11月28日	3.76	2022年12月16日	4.69
2022年11月11日	3.41	2022年11月29日	3.78	2022年12月17日	4.69
2022年11月12日	3.41	2022年11月30日	3.82	2022年12月18日	4.7
2022年11月13日	3.44	2022年12月1日	3.91	2022年12月19日	4.74
2022年11月14日	3.49	2022年12月2日	4.03	2022年12月20日	4.76
2022年11月15日	3.49	2022年12月3日	4.08	2022年12月21日	4.82
2022年11月16日	3.53	2022年12月4日	4.05	2022年12月22日	4.93
2022年11月17日	3.58	2022年12月5日	4.15	2022年12月23日	5.06
2022年11月18日	3.59	2022年12月6日	4.21	2022年12月24日	5.14
2022年11月19日	3.57	2022年12月7日	4.32	2022年12月25日	5.17
2022年11月20日	3.55	2022年12月8日	4.48	2022年12月26日	5.17
2022年11月21日	3.6	2022年12月9日	4.53	2022年12月27日	5.11
2022年11月22日	3.59	2022年12月10日	4.56	2022年12月28日	5.14
2022年11月23日	3.64	2022年12月11日	4.54	2022年12月29日	5.19
2022年11月24日	3.72	2022年12月12日	4.57	2022年12月30日	5.29
2022年11月25日	3.72	2022年12月13日	4.61	2022年12月31日	5.35
2022年11月26日	3.71	2022年12月14日	4.65		

7.3 人工智能需求预测新技术应用实例

7.3.1 算例一

下面介绍经验模态分解的原理，同时对上海 2015—2018 年的夏季，以及冬季数据采用经验模态分解的方法对原始负荷序列进行分解。通过计算与温度的相关系数发现每一种模态单独与温度的相关性都不高,因此采用组合模态的方法。经相关性分析,将模态 1、2、3、6 组合作为与温度密切相关的负荷。算例将 2015—2017 年的夏季数据作为训练样本,2018 年的数据作为测试样本,得到的预测结果如表 7-2 所示。

表 7-2 夏季降温负荷预测结果

预测日序号	最高温度/℃	温度修正/℃	实际值/MW	预测值/MW	误差/%
1	35	36.38	2 964.2	3 002.6	1.30
2	37.7	42.024	2 960.6	2 954.9	—0.19
3	36.1	38.208	2 657.3	2 649.5	—0.29
4	36.3	38.544	2 142.2	2 209.7	3.15
5	36.2	39.336	2 662.6	2 636.8	—0.97
6	36.6	40.128	2 609.1	2 601.0	—0.31
7	35.2	37.356	2 597.3	2 500.6	—3.72
8	34.8	36.69	2 427.9	2 219.8	—8.57
9	34.5	36.135	2 119.6	2 083.6	—1.70
10	35.3	37.393	2 016.4	2 150.0	6.63
11	35.2	37.422	1 896.8	1 918.9	1.16
12	35.1	37.599	2 441.6	2 438.5	—0.13
13	35.8	39.132	2 286.7	2 332.2	1.99
14	35.6	38.694	2 437.9	2 531.4	3.84
15	36.8	41.322	2 364.2	2 330.1	—1.44
16	35.3	37.876	2 348.8	2 358.1	0.40
17	34.5	36.075	2 154.5	2 170.2	0.73

统计以上预测结果，有 7 个点的绝对百分比误差小于 1%，有 8 个点的绝对百分比误差小于 5%，最大百分比误差为 8.57%，平均绝对百分比误差为 2.15%。

7.3.2 算例二

这里采用分解得到的小时负荷与温度数据进行负荷预测，将 EMD 分解得到的温度负荷与其余分量分别采用不同输入变量进行预测，温度负荷输入变量可以更多加入气温累积效应的影响，同时在预测中加入星期类型变量，预测结果如图 7－4 和表 7－3 所示。

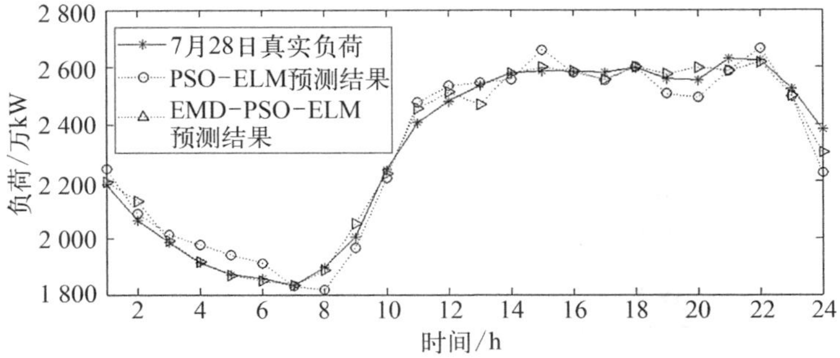

图 7－4 负荷预测结果图

表 7－3 负荷预测结果误差比较表

方 法	RMSE/万 kW	MAPE 偏差/%
PSO－ELM	41.89	1.53
EMD－PSO－ELM	33.61	1.01

图 7－4 为提前 24 h 对 7 月 28 日负荷预测的结果图。从中可以看出，两条预测曲线变化趋势都与实际负荷变化趋势基本一致，证明 PSO－ELM 算法可以达到短期负荷预测对精度的要求，而且对经过 EMD 分解后的负荷进行预测，可以使预测曲线更加贴近真实值。为对负荷预测结果进行量化，表 7－3 列出两种预测结果的误差评价指标值。由表 7－3 中数值可以

看出，所提基于 EMD 分解的负荷预测算法的 RMSE 指标较原始方法提高了 20%，MAPE 指标提高了 30%以上，说明 EMD 方法可以有效降低负荷的非平稳波动特征，以及此特征对负荷预测带来的影响，提高 PSO－ELM 算法的负荷预测精度。

这两个算例主要研究了在两种提取气象负荷的基础下，采用人工智能算法实现对实际负荷，以及气象负荷的预测，通过实例验证了算法的有效性，预测的精度可以满足实际工程的需要，但是负荷预测还是存在一些偏差，在实际的应用中为了应对这种偏差所带来的危害，更加希望得到的是负荷的变化范围。

由 EMD 的分解结果可以看出，趋势项负荷较为平稳，气象负荷往往波动性较大，主要是由于温度的变化导致降温采暖负荷的变化。因此，研究负荷的变化范围首先需要研究气象负荷的变化范围，最后将趋势项负荷与气象负荷的变化范围叠加得到总负荷的变化范围。下面具体介绍算法的原理。

选取上海近 10 年的日最大负荷与日最高温度的原始数据以获得气象负荷数据。考虑一般温度超过 28℃才开始有降温负荷的产生，因此再对气象负荷数据进行筛选。由于负荷的变化一般呈现先缓慢增长再快速增长，最终趋于饱和的变化规律，也就是满足“生长曲线”，即 Logistic 曲线，因此采用 Logistic 曲线进行拟合。图 7－5 所示为气象负荷与日最高温度的散点图，以及采用 Logistic 拟合得到的曲线。

由图 7－5 可以看出，样本点之间存在较大的差异性，相同的温度所对应的气象负荷相差很大，拟合优度较差 $R^2=0.5447$，适应度值只有 $Adjust\_R^2=0.5422$。究其原因就要包括样本数据存在异常值，即通常所说的“坏点”，这一部分坏点需要在拟合之前剔除。统计学中所定义的异常值，是指一组测定值中与平均值的偏差超过两倍的标准差的测定值。在统计检验时，指定为检出异常值的显著性水平 $\alpha=0.05$，称为检出水平。通常，调度部分希望获得的负荷变化区间越小越好，置信度越大越好，这样一来就可以缩小负荷变化的范围，使得电力调度更加符合实际，减少资源的浪费。本书首先设置置信度为 95%进行区间预测，如图 7－6 所示。

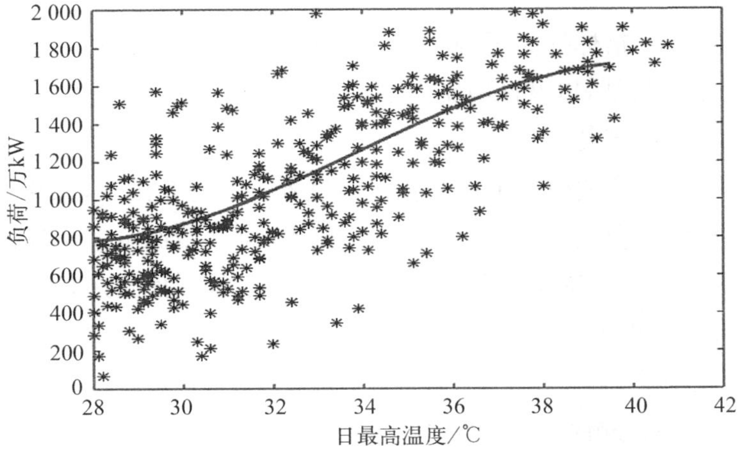

图 7-5　气象负荷与温度的散点图

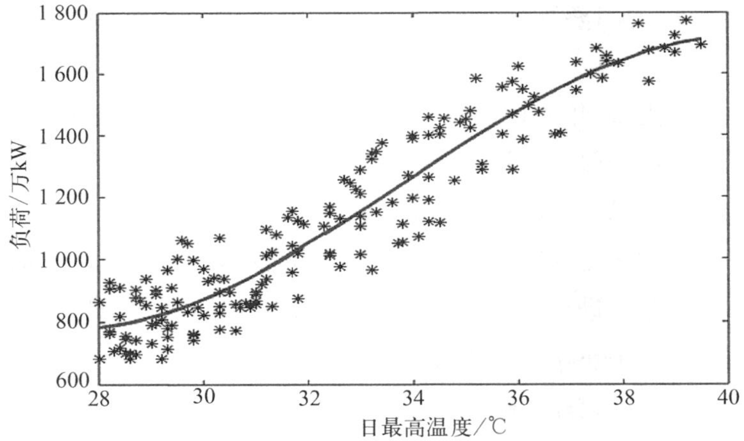

图 7-6　置信度为 95%的曲线拟合

如图 7-6 所示，剔除了异常数据点后负荷的变化更加符合生长曲线的变化规律。曲线的拟合优度 $R^2=0.8688$，适应度值 $Adjust\_R^2=0.8674$，拟合效果较好。代入 35℃，在置信度为 95%的条件下，气象负荷预测值为 1 401 万 kW，偏差为 160.3 万 kW，负荷变化的区间为 1 401±160.3 万 kW。下面给出 28℃到 40℃整点温度所对应的气象负荷变化范围，结果如表 7-4 所示。

表 7-4 气象负荷变化范围预测表

温度/℃	预测值/万 kW	偏差/万 kW	气象负荷/万 kW	
			下限值	上限值
28	709.4	163.9	545.5	873.3
29	794.7	160.1	634.6	954.8
30	888.8	159.9	728.9	1 048.7
31	989.2	160.1	829.1	1 149.3
32	1 093.2	159.9	933.3	1 253.1
33	1 198.3	159.8	1 038.5	1 358.1
34	1 301.7	159.9	1 141.8	1 461.6
35	1 401.0	160.3	1 240.7	1 561.3
36	1 493.5	160.6	1 332.9	1 654.1
37	1 576.5	160.8	1 415.7	1 737.3
38	1 647.5	162.1	1 485.4	1 809.6
39	1 703.9	168.1	1 535.8	1 872.0
40	1 743.0	186.0	1 557.0	1 929.0

这里选取 2019 年 7 月 23 日大暑节气的最高负荷进行验证。当天温度为 35.6℃，负荷值为 2 969 万 kW，而由趋势负荷加气象负荷变化区间为[2 743.9，3 065.1]万 kW，符合实际值所在范围。另外选取 2019 年大暑前后 6 天的负荷进行趋势负荷分离后与预测区间进行对照，如表 7-5 所示。由此可以得出负荷基本均位于区间范围内，证明了方法的有效性。其中，7 月 25 日温度略高于预测区间的原因为多日高温带来的气温累积效应。

表 7-5　气象负荷变化范围检验表

日　期	温度/℃	气象负荷/万 kW	预测区间	
			下　限	上　限
2019 年 7 月 22 日	34.5	1 452	1 141.8	1 461.6
2019 年 7 月 23 日	35.6	1 559	1 332.9	1 654.1
2019 年 7 月 24 日	34.4	1 629	1 141.8	1 461.6
2019 年 7 月 25 日	35.8	1 669	1 332.9	1 654.1
2019 年 7 月 26 日	37.0	1 701	1 415.7	1 737.3
2019 年 7 月 27 日	34.9	1 441	1 240.7	1 561.3
2019 年 7 月 28 日	35.0	1 244	1 240.7	1 561.3

7.4　小结

低频用电量数据建模能从整体刻画用电的趋势增长和季节性特征，但无法捕捉突发事件，如疫情封城等。高频用电量序列建模不仅可以更加细致地刻画用电特征，如趋势增长、季节性（年周期、周周期）、节假日等，而且可以更好地捕捉突发事件影响的持续性。针对低频用电量数据的预测问题，高频用电量数据建模捕捉突变的能力可以作为很好的补充。通过高频用电量预测，形成对低频用电量预测的辅助研判，从而更好地对未来用电量进行预测。

第 8 章

结论与建议

8.1 结论

(1) 短期高频预测具备数据样本量大、影响因素与电力需求之间的关系稳定、识别电力需求特征变化快速等优势;长期低频预测可以对整体的电力需求情况进行更好的分析,但是对数据采集要求较高,且难以识别冲击(如多重目标约束等)对电力需求的影响,因此要结合低频和高频预测的优势,并识别电力需求长期趋势项和短期波动项的变化特征。

(2) 二三产业结构比不断缩减是上海经济转型的重要特征,并且在面对突发的公共卫生事件时,工业能够稳定经济增长,其作为经济"压舱石"的作用越发得到凸显。生物医药制造业,以及汽车制造对于第二产业总体用电需求的变化趋势具有一定的解释能力;金融业与房地产业对第三产业总体用电需求的变化趋势具有一定的解释能力。通过对未来 5 年上海的经济变量进行研判发现,产值单耗仍将延续下降势头,二三产业结构比的降低趋势虽有下降,但势头在逐渐趋缓,未来上海产业的电力需求结构将得到进一步优化。

(3) 在构建低频用电量预测模型时,除用电量序列本身外,还应考虑经济和气温对用电需求的影响。在构建高频用电量预测模型时,除基本的季节性、年周期外,还应充分考虑周周期和节假日效应的影响。本书就是基于分解-集成的思想,利用机器学习和传统的时序建模技术相结合方式构建用电量的预测模型。在低频预测中,基于分解-集成的思想所提出的预测方法 Hybird - DA,相比于 MA、ARIMA、HW 模型在预测性能上有着明显的优势,特别是 Hybird - DA 在进行 6 期、9 期预测时表现出很好的稳定性。在高频预测中,相比于 Prophet 模型和 XGboost 模型,通过 stacking 融合的 Hybird - XP 模型无论是训练集还是测试集都具有更好的预测表现。

(4) 低频用电量数据建模能从整体刻画用电的趋势增长和季节性特征,但无法捕捉突发事件。高频用电量序列建模不仅可以更加细致地刻画用电特征,如趋势增长、季节性(年周期、周周期)、节假日等,而且可以更好捕捉突发事件影响的持续性。针对低频用电量数据的预测问题,高频用电量数据建模捕捉突变的能力可以作为很好的补充。通过高频用电量预测,形成对低频用电量预测的辅助研判,从而更好地对未来用电量进行预测。

(5) 实际应用中,为了合理地进行电力调度和规划,往往需要季节性负荷随温度变化的变化区间数据。负荷的变化一般呈现先缓慢增长再快速增长,最终趋于饱和的变化规律,也就是满足“生长曲线”,即 Logistic 曲线。本书采用 Logistic 曲线对负荷与温度进行拟合,在满足 95%的置信度下得出 28～40℃所对应的气象负荷变化范围。

8.2 建议

(1) 将成果落地应用。在未来将本书中提出的多种电力需求预测模型编制成可视化软件,以应用于上海未来电力需求预测工作,适应经济转型背景和多重冲击下的电力需求变化新特征,尤其注重低频预测中的 Hybird - DA 方法和高频预测中 stacking 融合的 Hybird - XP 模型的实现落地。

(2) 在未来的电力需求预测中,要更加注重分解-集成的思想。一方面充分考虑长期电力需求增长趋势的变化特征,包括电力时间序列本身的特征和经济因素的影响;另一方面要注重波动项和冲击项对电力需求的影响,识别气温、周期效应、短期冲击和多重约束对电力需求的冲击,以及可能带来的特征变化。

(3) 未来电力预测中,不仅要考虑低频长期的电力需求预测,也要关注高频短期的电力需求预测方法开发，充分结合二者的优势。发挥低频预测在长期电力需求研判中的优势，发挥短期高频预测在识别用电特征变化和多重冲击影响中的优势。

(4) 在经济转型背景和多重冲击下，未来用电特征可能呈现更加复杂多变的情况，建议及时监控电力需求变化，分析异常波动，尤其要注重电力需求变点检测分析新技术的开发。在分解-集成思想下，分别开发低频和高频电力需求预测技术，同时实现对电力需求的长期趋势研判和短期变点检测。

参考文献

[1] 曾鸣,杨雍琦,李源非,等.能源互联网背景下新能源电力系统运营模式及关键技术初探[J].中国电机工程学报,2016,36(3):681-691.

[2] 刘敦楠,华宇峰,徐智威,等.大规模风电接入对电力系统调峰的影响[J].电力系统自动化,2013,37(3):35-40.

[3] 王冬容,周伏秋,胡兆光.电力需求侧管理的国际经验及对我国的启示[J].电力需求侧管理,2002,4(6):4-8.

[4] 肖先勇,龙虹毓,刘亚梅.智能电网环境下的主动配电网规划[J].电力自动化设备,2015,35(4):1-8.

[5] 李冰洁,李雪梅,唐慧佳,等.基于地区发展特性的电力需求预测方法研究[J].电网技术,2021,45(10):3885-3891.

[6] 沈澜,刘盛楠,王剑晓,等.基于主成分分析和线性回归的浙江省中长期电力需求预测[J].能源工程,2022(2):46-51.

[7] 钟全辉,朱继忠,谢平平,等.基于灰色预测理论的区域电量概率预测方法[J].电力系统自动化,2020,44(22):84-90.

[8] 徐超,张程,宋依群,等.基于ARIMA与自适应过滤法的电力需求组合预测模型[J].电网技术,2017,41(10):3339-3344.

[9] 田琳芳,杨镜非,何大义.基于周期数据的贝叶斯网络预测模型及其应用[J].系统工程理论与实践,2012,32(12):2728-2734.

[10] 周晖,王毅,钮文洁,等.考虑多重影响因素的电力需求预测方法[J].中国电机工程学报,2014,34(13):2110-2116.

[11] 温月振，张彩庆. 石家庄电力消费弹性系数的变化机制及预测研究[J]. 数学的实践与认识，2015，45(21)：84－90.

[12] 马阳阳，张建功，陈宇，等. 基于改进灰色模型的配电网规划负荷预测分析[J]. 青海电力，2024，43(2)：48－52.

[13] 蔡火娣，董福贵，翟绘景. 我国电力消费量影响因素分析及预测[J]. 陕西电力，2012，40(1)：58－62.

[14] 胡宗义，蔡文彬，苏静. 基于偏最小二乘回归的湖南省电力消费影响因素研究[J]. 统计与信息论坛，2012，27(10)：84－89.

[15] 刘郭方，张婷. 基于经济因素的电力需求分析及预测[J]. 经济问题，2013(5)：75－79.

[16] 戚岳，王绵斌，谭忠富，等. 基于计量经济与灰色系统的电力需求分析及预测[J]. 华东电力，2010，38(7)：981－985.

[17] 吕干云，程浩忠，丁屹峰. 基于多指数平滑预测模型的中长期需电量预测[J]. 华东电力，2004(7)：8－10.

[18] 王淑红，王利，王瑜. 基于指数回归- AEMA(p，q)模型的我国电力需求预测[J]. 华北电力大学学报(自然科学版)，2010，37(6)：76－80.

[19] 崔和瑞，王娣，葛静. 基于季节 ARMA 模型的华北电网售电量预测研究[J]. 华东电力，2011，39(4)：533－536.

[20] 李伟，黄民翔. 基于模糊理论和神经网络的电力负荷短期预测[J]. 电网技术，2004，28(17)：73－76.

[21] 蒋惠凤，马瑞，王瑞. 基于 L－M 优化 BP 算法的电力系统负荷变权组合预测[J]. 电力系统保护与控制，2011，39(12)：114－117.

[22] 董锦荣，吴海辉，王如龙. 基于因素影响的电力消费模糊逻辑预测模型[J]. 计算机工程与科学，2010，32(11)：172－175.

[23] 姚李孝，赵化时，成静，等. 基于模糊聚类分析与 BP 网络的短期负荷预测[J]. 电网技术，2008，32(15)：61－65.

[24] ABRAHAM A, B P, P G, et al. Forecasting Electricity Demand in Victoria using Fuzzy-Neural Approach[J]. Energy, 2001, 26(3): 253－268.

[25] 王林锋，揭丽琳，黎明，等. 基于自适应双阶段分级均衡的约束高维多目标进化算法[J/OL]. 控制与决策，1－10[2024－10－31]. https://doi.org/10.13195/j.kzyjc.2024.0288.

[26] 张怡，李菁，何雅菁. "两型社会"建设背景下武汉市低碳经济发展的建议[J]. 新经济，2015，(35)：11－12.

[27] 田琳芳，杨镜非，何大义. 基于周期数据的贝叶斯网络预测模型及其应用[J]. 系统工程理论与实践，2012，32(12)：2728－2734.

[28] 潘学华，张粒子，谢国辉. 非线性模糊自适应变权重组合预测在电力系统负荷预测中的应用[J]. 电网技术，2011，35(9)：193－197.

[29] 刘光中，曾令秋，周长春. 基于计量经济学和神经网络的四川省长期电力需求预测[J]. 电网技术，2004，28(1)：41－45.

[30] 熊国强，张维. 基于灰色系统 GM(1，1)模型与 BP 神经网络模型的能源消费量组合预测[J]. 西安理工大学学报，2009，25(2)：168－173.

[31] 许志海，李敏纳，吴茂，等. 海南省工业碳排放量影响因素实证分析[J]. 合作经济与科技，2024(10)：19－21.

[32] ECOLOGICAL ECONOMICS FORUM：Why sustainability analyses must include biophysical assessments [J]. Mathis Wackernagel. Ecological Economics，1999(1)：23－26.

[33] Tristan T，Timbrook，Jason P. Burnham. JAMA Internal Medicine. Journal[J]. Renewable and Sustainable Energy Reviews，2015(43)：676－686.

[34] Yang L，Pang J. Analysis and Research on Forecasting Electricity Demand Based on ARMA and VAR Model [J]. IOP Conference Series：Earth and Environmental Science，2021，804(4).

[35] 张兴平，赵文会，戎晓雪，等. 我国电力消费与经济发展关系的实证研究[J]. 华东电力，2010，38(12)：1861－1864.

[36] LEE C C. Energy Consumption and GDP in Developing Countries：A Cointegrated Panel Analysis[J]. Energy Economics，2005，27(3)：415－427.

[37] 王正新，党耀国，刘思峰. 基于加速遗传算法的无偏灰色 Verhulst 模型及应用[J]. 控制与决策，2010，25(8)：1273 - 1276

[38] 刘涅煊，刘昌，刘方，等. 基于 XGBoost 和 Prophet 的负荷预测方法[J]. 电力系统自动化，2022，46(16)：97 - 103.

[39] 徐岩，孙永健，张涛，等. 基于 Prophet-LightGBM 的台区短期负荷预测方法[J]. 电力系统自动化，2022，46(14)：105 - 112.

[40] 陈天奇. XGBoost：A Scalable Tree Boosting System[C]//Proceedings of the 22nd ACM SIGKDD International Conference on Knowledge Discovery and Data Mining. ACM，2016：785 - 794.

[41] 李冰洁，李雪梅，唐慧佳，等. 基于地区发展特性的电力需求预测方法研究[J]. 电网技术，2021，45(10)：3885 - 3891.

[42] 沈澜，刘盛楠，王剑晓，等. 基于主成分分析和线性回归的浙江省中长期电力需求预测[J]. 能源工程，2022(2)：46 - 51.

[43] 钟全辉，朱继忠，谢平平，等. 基于灰色预测理论的区域电量概率预测方法[J]. 电力系统自动化，2020，44(22)：84 - 90.

[44] 魏琼. 安徽省电力需求影响因素及预测研究[D]. 合肥：安徽大学，2014.

[45] 徐超，张程，宋依群，等. 基于 ARIMA 与自适应过滤法的电力需求组合预测模型[J]. 电网技术，2017，41(10)：3339 - 3344.

[46] 吴双双. 基于深度学习的电力需求预测[D]. 北京：华北电力大学，2018.

[47] 权钲杰. 基于深度神经网络的电力需求预测研究[D]. 北京：华北电力大学，2019.

[48] 王慧健，尹宝才，孔德慧，等. 基于字符表示的时间序列数据预测方法[J]. 软件学报，2019，30(10)：3011 - 3023.

[49] 张奇，王禄，邢吉生. 基于蒙特卡罗法优化 GRU 神经网络的热电联产负荷预测[J]. 北华大学学报(自然科学版)，2024，25(4)：545 - 551.

[50] 王瑞，靳鑫鑫，逯静. SVMD - PE - BP - Transformer 短期光伏功率预测[J]. 电网与清洁能源，2024，40(8)：141 - 150.

[51] 张良力，马晓凤. 基于改进粒子群算法的新能源汽车充电站选址方法[J]. 吉林大学学报(工学版)，2024，54(8)：2275－2281.

[52] 郭瑞川. 基于混沌粒子群算法的分布式发电系统优化配置分析[D]. 兰州：兰州理工大学，2013.

[53] CHEN，S，WANG，D，HUANG，C. Short-term load forecasting based on wavelet neural network and similar-day method[J]. IEEE Transactions on Power Systems，2022，27(4)：2066－2074.

[54] HONG，T P，WANG Y S. A fuzzy regression approach for short-term load forecasting[J]. IEEE Transactions on Power Systems，2002，17(3)：663－668.

[55] RANAWEERA D K，HUBELE N F. Comparison of fuzzy-logic-based and neural-network-based short-term load forecasting techniques[J]. IEEE Transactions on Power Systems，1994，9(4)：1958－1964.

[56] TAYLORS J，LETHAM B. Prophet：Forecasting at scale. arXiv preprint arXiv：2017，1706. 03762.

[57] CHO H，GOUDE Y，BROSSAT X. Modelling and forecasting daily electricity load curves：a hybrid approach[J]. International Journal of Forecasting，2012，15(3)：25－30.

[58] 刘涅煊，杨学良，陶晓峰，等. 基于改进 Prophet 算法的短期日负荷预测方法研究[J]. 电力需求侧管理，2022，24(5)：58－63.

[59] 徐岩，张晓，周兴华，等. 基于 Prophet－LightGBM 的台区短期负荷预测方法[J/OL]. 华北电力大学学报(自然科学版)，1－7[2024－10－31]. http://kns. cnki. net/kcms/detail/13. 1212. TM. 20221206. 1229. 003. html.

索　引